施工现场十大员技术管理手册

测 量 员

（第三版）

上海市建筑施工行业协会工程质量安全专业委员会
主编　解培泉
主审　陆国荣

U0391511

中国建筑工业出版社

图书在版编目（CIP）数据

测量员/解培泉主编. —3 版. —北京：中国建筑工
业出版社，2015.2
（施工现场十大员技术管理手册）
ISBN 978-7-112-19198-7

Ⅰ.①测… Ⅱ.①解… Ⅲ.①建筑测量-技术手册
Ⅳ.①TU198-62

中国版本图书馆 CIP 数据核字（2016）第 040014 号

施工现场十大员技术管理手册
测 量 员
（第三版）

上海市建筑施工行业协会工程质量安全专业委员会
主编　解培泉
主审　陆国荣

＊

中国建筑工业出版社出版、发行（北京西郊百万庄）
各地新华书店、建筑书店经销
霸州市顺浩图文科技发展有限公司制版
北京市密东印刷有限公司印刷

＊

开本：850×1168 毫米　1/32　印张：2⅞　字数：77 千字
2016 年 6 月第三版　2016 年 6 月第十九次印刷
定价：**12.00** 元
ISBN 978-7-112-19198-7
（28213）

本书根据建筑工地测量放线的基本模式和现场情况，对第二版的整个章节进行了调整，并根据施工现场情况，侧重于工程的应用性和实用性。本书力求通俗易懂，更加强调了现场工作中的实际操作性。本书不仅对现场一线操作人员能起到指导作用，也可以作为测量人员的培训教材。

　　责任编辑：郦锁林　王　治
　　责任校对：刘　钰　张　颖

本书编委会

主编单位： 上海市建筑施工行业协会工程质量安全专业委员会

主　　编： 解培泉

主　　审： 陆国荣

编写人员： 解培泉　单明凤　张守都

丛 书 前 言

　　《施工现场十大员技术管理手册》（第三版）是在中国建筑工业出版社2001年发行的第二版的基础上修订而成，覆盖了施工现场项目第一线的技术管理关键岗位人员的技术、业务与管理基本理论知识与实践适用技巧。本套丛书在保留原丛书内容贴近施工现场实际、简洁、朴实、易学、易掌握需求的同时，融入了近年来建筑与市政工程规模日益高、大、深、新、重发展的趋势，充实了近段时期涌现的新结构、新材料、新工艺、新设备及绿色施工的精华，并力求与国际建设工程现代化管理实务接轨。因此，本套丛书具有新时代技术管理知识升级创新的特点，更适合新一代知识型专业管理人员的使用，其出版将促进我国建设项目有序、高效和高质量的实施，全面提升我国建筑与市政工程现场管理的水平。

　　本套丛书中的十大员，包括：施工员、质量员、造价员、材料员、安全员、试验员、测量员、机械员、资料员、现场电工。系统介绍了施工现场各类专业管理人员的职责范围，必须遵循的国家新颁发的相关法律法规、标准规范及政府管理性文件，专业管理的基本内容分类及基础理论，工作运作程序、方法与要点，专业管理涉及的新技术、新管理、新要求及重要常用表式。各大员专业丛书表述通俗简明易懂，实现了现场技术的实际操作性与管理系统性的融合及专业人员应知应会与能用善用的要求。

　　本套丛书为建筑与市政工程施工现场技术专业管理人员提供了操作性指导文本，并可用于施工现场一线各类技术工种操作人员的业务培训教材；既可作为高等专业学校及建筑施工技术管理职业培训机构的教材，也可作为建筑施工科研单位、政府建筑业管理部门与监督机构及相关技术管理咨询中介机构专业技术管理人员的参考书。

　　本套丛书在修订过程中得到了上海市住房和城乡建设管理委员会、上海市建设工程安全质量监督总站、上海市建筑施工行业协会与其他相关协会的指导，上海地区一批高水平且具有丰富实际经验的专家与行家参与丛书的编写活动。丛书各分册的作者耗费了大量的心血与精力，在此谨向本套丛书修订过程的指导者和参与者表示衷心感谢。

　　由于我国建筑与市政工程建设创新趋势迅猛，各类技术管理知识日新月异，因此本套丛书难免有不妥之处，敬请广大读者批评指正，以便在今后修订中更趋完善。

　　愿《施工现场十大员技术管理手册》（第三版）为建筑业工程质量整治两年行动的实施，建筑与市政工程施工现场技术管理的全方位提升作出贡献。

第三版前言

建筑工地现场测量放线人员是建筑工地保证质量加快进度的重要人员，他们的技术素质、业务水平，所承担工作的胜任能力对工程质量和工程施工进度有重大的影响。本书根据建筑工地测量放线的基本模式和现场情况，对《测量员》第二版的整个章节进行了调整，并根据施工现场情况，侧重于工程的应用性和实用性。重点增加了第二章测量基本工具，详细论述了现场施工中适用的各类测量仪器功能、型号分类等；第三章测量仪器的检验与校正，详细论述了各类常用测量仪器的检验与校正程序；第七章建筑物变形测量，详细论述了变形测量的相关分类以及如何对于建筑物进行变形观测，第九章工程实例，详细论述了包括砌体工程、混凝土结构工程、钢结构工程等的测量工作；第十章施工测量常用表格，对于施工测量常用表格也进行了归纳整理。本书力求通俗易懂，更加强调了现场工作中的实际操作性。本书不仅对现场一线操作人员能起到指导作用，也可以作为测量人员的培训教材。

限于编者的水平，以及对于现场把控的局限性，可能存在不妥之处，敬请各位同仁给予批评指正。

第二版前言

建筑工地现场测量放线人员是建筑工地保证质量加快进度的重要人员，他们的技术素质、业务水平、所承担工作的胜任能力对工程质量工程施工进度有重大的影响。依据最新规范、标准，对第一版内容进行全面修订。本书根据建筑工地测量放线的要点：建筑物的定位测量、抄平放线、测量前的准备工作、高层建筑标高控制、高层建筑物竖向控制、变形观测、管道施工测量、竣工测量、测量仪器的检验和校正、施工测量的主要技术要求、竣工总平面图的编绘等重要环节做了深入浅出的阐述。本书通俗易懂，实用性强，可操作性好。对建筑工地的测量放线人员起到指导作用，也可作为测量放线人员的培训参考教材。

由于编者水平有限，不妥之处在所难免，敬请各位同仁给予指正。

第一版前言

建筑工地现场测量放线人员是建筑工地保证质量加快进度的重要人员，他们的技术素质、业务水平、所承担工作的胜任能力对工程质量工程施工进度有重大的影响。本书根据建筑工地测量放线的要点：建筑物的定位测量、抄平放线、测前的准备工作、高层建筑标高控制、高层建筑物竖向控制、变形控制、竣工测量等重要环节做了深入浅出的阐述。本书通俗易懂，实用性强，可操作性好。对建筑工地的测量放线人员起到指导作用，也可作为测量放线人员的培训参考教材。

由于编者水平有限，不妥之处敬请各位同仁给予指正。

目　录

第1章 施工测量概述

1.1 施工测量的目的和内容

施工测量的目的是根据施工的需要，把设计的建筑物、构筑物的平面位置和高程，按设计要求以一定的精度测设在地面上。并在施工过程中进行一系列的测量工作，以衔接和指导各工序间的施工。

施工测量是利用各种仪器和工具，对建筑场地上的位置进行度量和测定的科学，它可以为建筑施工提供依据，并确保施工质量。在各单位、各分项、分部工程施工及设备安装之前进行施工放样，可以为后续的施工和设备安装提供轴线、中心线、标高等施工标志，从而确保工程的质量和进度。

施工测量贯穿于整个施工过程中。从场地平整、建筑物定位、基础施工，到建筑物构件的安装等，都需要进行施工测量，才能使建筑物、构筑物各部分的尺寸、位置符合设计要求。有些高大或特殊的建筑物建成后，还要定期进行沉降观测与变形观测，以便积累资料，掌握下沉和变形的规律，为今后建筑物的设计、维护和使用提供资料。

施工测量最主要的内容分为测图、用图、放样和变形观测。测图是指使用测量仪器和工具，依照一定的测量程序和方法，通过测量和计算，得到一系列测量数据，或者把局部地球表面的形状和大小按一定的比例尺和特定的符号缩绘到图纸上，供规划设计以及工程施工结束后，测绘竣工图，供日后管理、维修扩建之用。用图指识别地形图、断面图等的知识、方法和技能。放样是测图的逆过程。变形观测是对某些有特殊要求的建（构）筑物，在施工过程中和使用期间，测定有关部位在建筑荷载和外力作用下，随着时间而产生变形的规律，监视其安全性和稳定性。观测成果是验证设计理论和检验施工质量的重要资料。

1.2 施工测量的作用

1. 施工测量在建筑定位及基础施工阶段对工程质量的作用

在工程开始施工前，首先通过测量把施工图纸上的建筑物在实地进行放样定位以及测定控制高程，为下一步的施工提供基准。这一步工作非常重要，测量精度要求非常高，关系整个工程质量的成败。假如在这一环节里出现了差错，那将会造成重大质量事故，带来的经济损失无法估量。在施工行业里也发生过类似工程质量事故：图纸上建筑物的正北方向变成了正南方向，事故的处理结果是：把已经建好的房子重新砸掉，再从零开始。可见建筑物的定位测量是多么的重要。在基础施工阶段，基础桩位的施工更加需要准确的施工测量技术保证。根据施工规范的要求，承台桩位的允许偏差值很小。一旦桩位偏差超过规范要求，将会引起原承台设计的变化，从而增加工程成本。严重的桩位偏差将会导致桩位作废，需要采取重新补桩等处理措施。一方面影响了施工的进度，另一方面，改变了原来的受力计算，对建筑物埋下了质量的隐患。在土方开挖及底板基础施工过程中，由于设计要求，底板、承台、底梁的土方开挖是要尽量避免挠动工作面以下的土层，因此周密、细致的测量工作能控制土方开挖的深度及部位，避免超挖及乱挖，从而能保证垫层及砖胎膜的施工质量，对于采用外防水的工程意义尤为重大。另外垫层及桩头标高控制测量的精度，是保证底板钢筋绑扎是否超高、底板混凝土施工平整度的最有效方法。施工测量在基础施工阶段的另外一个重点是基础墙柱钢筋的定位放线，在这一个环节里，容不得半点差错。否则将导致严重的质量事故。对于结构复杂、面积较大的工程，只有周密、细致地进行测量放线才能保证墙柱插筋质量，才能避免偏位、移位等情况的发生。

2. 施工测量在主体结构施工阶段对工程质量的作用

在主体结构施工阶段，施工测量对于工程质量的影响主要有以下几个方面：墙柱平面放线，建筑物垂直度控制，主体标高控制，楼板、线条、构件的平整度控制等。其中墙柱平面放线的精确度，直接影响建筑物的总体垂直度，对墙柱钢筋绑扎、模板施工的质量产生严重的影响。所以每次混凝土施工完毕后，第一道工序就是测量放线。通过测量放线不但能够为下一道工序提供依据，并且能及时发现上一道工序所遗留下来的问题，使得其他专业的施工人员及时处理已经发生的质量问题，避免问题的累积，最终导致质量事故发生。在标高测量控制方面，能为模板施工提供准确的基准点，是模板施工平整度的保证。同时为混凝土施工提供标高控制线，保证施工后的混凝土平整度。精确的标高控制，是施工人员严格按图施工的前提。对于施工面积较大的工程，如何保证模板施工的总体平整度、混凝土面的平整度，基本前提就是测定一个准确、详细的标高控制系统面。建筑物垂直度控制测量是主体施工中的一个重点，除了做好每层楼的垂直度观测，为专业质检人员及时检查、调整提供控制数据以外，还为施工人员提供更详细的竖向控制线。由于垂直度控制的好坏是直接反映施工质量的最重要的因素之一（特别在中高层建筑的施工中）。垂直度偏差过大，必须通过装饰阶段的抹灰等措施来弥补。除了所带来的经济损失不说，还会埋下隐患。抹灰的厚度过大，容易造成墙面空鼓，从而引发外墙渗漏等质量通病，更严重的情况会脱落，导致高空坠物的危险。

3. 施工测量在装饰装修施工阶段对工程质量的作用

建筑物经过装饰装修阶段将成为成品或半成品交付业主使用，前期主体所遗留的质量缺陷问题必须通过这一阶段进行整改、处理、隐蔽。所以这个阶段的测量工作的精度，直接影响到该工程的总体质量。测量工作的主要内容是：室内外地面标高控制；外墙装饰垂直度控制；局部构件、线条的施工放线，内墙装饰平整度、垂直度测量等工作。其中室内外地面标高控制线是保证建筑装修地面整体平整度的重要依据;砖砌体平面放线是必不可少的工作,是按图施工的前提条件。外墙装饰垂直控制线的测量精度很大程度上决定外墙的整体装修质量,是外墙抹灰、墙面砖、幕墙施工等工作的基本依据。

4. 工程施工及运营期间的变形观测对工程质量的意义

建筑物的沉降观测在施工过程中有着重大的意义。通过观测取得的第一手资料,可以监测建筑物的状态变化和工作情况。在发生不正常现象时,及时分析原因,采取措施,防止重大质量事故的发生。变形观测具体包括:基础边坡的位移观测;建筑物主体的沉降观测;高层建筑物的水平位移观测等。准确的观测成果为施工期间的工程质量、人民财产安全提供了最有效的保证。特别是在深基坑施工、填海区、地质断层构造带的施工工程显得尤为重要。而由于建筑物沉降、位移引起的边坡及道路坍塌、楼房及桥梁倒塌等安全质量事故屡见报端。因此我们必须努力做好建筑物的变形观测,确保工程的施工质量。

5. 施工测量对防治质量通病的积极意义

常见的质量通病不外乎钢筋、模板、混凝土等方面的问题,与测量放线有关的分别如下:钢筋偏位、模板平整度、墙柱垂直度、混凝土表面平整度、楼地面平整度、外墙门窗工程垂直度等。要预防上述通病的发生,除了施工人员的主观原因之外,必须为施工人员提供准确的、周到的、详细的测量控制水平线、平面控制线、垂直控制线等。如果测量工作方面出了问题,势必会引起施工质量问题的发生。我们在施工中只要把测量工作做好,对防治质量通病就起到非常积极的作用。另一方面,精确、详细的测量成果为专业质量检查人员提供参考和依据,通过现场的检查和整改,能把很多质量问题"扼杀在摇篮之中",由被动变为主动,由消极转变为积极,对防治质量通病有着非常重要的意义。

第 2 章　测量基本工具

2.1　水准仪的构造和使用

1. 水准仪的分类

水准仪按照其精度分：$DS_{0.5}$、DS_1、DS_3、DS_{10} 等级。DS 的下标为仪器每公里的精度，以 mm 计。在水准仪的系列中，$DS_{0.5}$、DS_1 级水准仪一般称为精密水准仪，DS_3、DS_{10} 水准仪称为工程水准仪或称为普通水准仪。

2. 自动安平水准仪的构造

自动安平水准仪的构造，见图 2-1。

图 2-1　自动安平水准仪构造

（1）视准轴：十字丝中心（十字丝横丝与竖丝的交点）与物镜光心的连线称为视准轴。

（2）视距丝：上丝与下丝。

（3）水准管轴：水准管内表面中点 O 为零点，通过零点作

5

圆弧的纵向切线 LL 为水准管轴。

（4）水准管分划值：水准管上两相邻分划线间的圆弧（弧长为 2mm）所对的圆心角。

水准管分划值 r（以秒为单位）为 $r=2/R \times \rho(\rho=206265)$

3. 自动安平水准仪的使用

水准仪在一个测站上使用的基本操作程序为置仪、粗略整平、瞄准水准尺、精确整平和读数。

（1）脚架操作

1）松开脚架；2）高度合适；3）紧上脚架；4）打开脚架；5）架头水平；6）踏实脚架；7）安上水准仪。

（2）仪器操作

1）粗平

① 目的：调节脚螺旋，使圆水准气泡居中。

② 方法：两手同时以相对方向分别转动大拇指，气泡移动方向与左手大拇指旋转方向相同。

2）瞄准

① 目的：用望远镜照准水准尺，清晰看清目标和十字丝。

② 步骤：将望远镜照准明亮处，转动目镜对光螺旋，使十字丝清晰；放松制动螺旋，利用望远镜上部的照门和准星瞄准水准尺，旋紧制动螺旋；转动望远镜物镜对光螺旋使尺像清晰；消除视差：由于目镜、物镜对光不够精细，目标影像随眼睛的晃动而晃动的现象。

3）精平

目的：转动微倾螺旋将水准管水泡居中，使视线精确水平。

4）读数

从上往下读，读米、分米、厘米，估读毫米，如图 2-2 所示。注意：当瞄准另一把尺子再读数时需再精平。

4. 保养与维修：

（1）水准仪是精密的光学仪器，正确合理使用和保管对仪器精度和寿命有很大的作用；

6

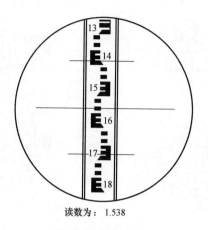

读数为：1.538

图 2-2　水准仪读数示例

（2）避免阳光直晒，不可随便拆卸仪器；

（3）每个微调都应轻轻转动，不要用力过大。镜片、光学片不准用手触片；

（4）仪器有故障，由熟悉仪器结构者或修理部修理；

（5）每次使用完后，应将仪器擦干净，保持干燥。

2.2　经纬仪的构造和使用

1. 经纬仪的分类

经纬仪按精度分为 $DJ_{0.7}$、DJ_1、DJ_2、DJ_6、DJ_{15}、DJ_{20} 六个等级，D—大地测量、J—经纬仪、下标表示经纬仪的精度，以秒为单位，数字越小，精度越高。

2. DJ_6 光学经纬仪

（1）基本构造：如图 2-3 所示。光学经纬仪有照准部、水平度盘、基座三部分组成。

1）照准部。照准部是光学经纬仪的重要组成部分，主要由望远镜、照准部水准管、竖直度盘（或简称竖盘）、光学对中器、读数显微镜及竖轴等各部分组成。照准部可绕竖轴在水平面内转

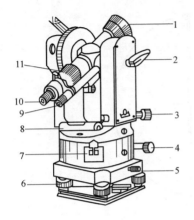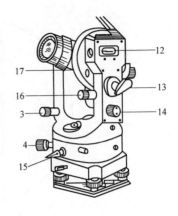

图 2-3　DJ6 光学经纬仪的构造

1—望远镜物镜；2—望远镜制动螺旋；3—望远镜微动螺旋；4—水平微动螺旋；

5—轴座固定螺旋；6—脚螺旋；7—复测扳手；8—水准管；9—读数显微镜；

10—望远镜目镜；11—对光螺旋；12—竖盘指标水准管；13—反光镜；

14—测微手轮；15—照准部制动螺旋；16—竖盘指标水准管微动螺旋；17—竖盘外壳

动，由水平制动螺旋和水平微动螺旋控制。

　　① 望远镜：它固定在仪器横轴（又称水平轴）上，可绕横轴俯仰转动而照准高低不同的目标，并由望远镜制动螺旋和微动螺旋控制。

　　② 照准部水准管：用来精确整平仪器。

　　③ 竖直度盘：用光学玻璃制成，可随望远镜一起转动，用来测量竖直角。

　　④ 光学对中器：用来进行仪器对中，即使仪器中心位于过测站点的铅垂线上。

　　⑤ 竖盘指标水准管：在竖直角测量中，利用竖盘指标水准管微动螺旋使气泡居中，保证竖盘读数指标线位于正确位置。

　　⑥ 读数显微镜：用来精确读取水平度盘和竖直度盘读数。

　　2）水平度盘。水平度盘是由光学玻璃制成的带有刻划和注记的圆盘，顺时针方向在 0°～360°间每隔 1°刻划并注记度数。测角过程中，水平度盘和照准部是分离的，不随照准部一起转动，当转动照准部照准不同方向的目标时，移动的读数指标线便可在固定不动的度盘上读得不同的度盘读数，即方向值。如需要变换度盘位置时，可利用仪器上的度盘变换手轮，把度盘变换到需要的读数上。

3）基座。基座即仪器的底座。照准部连同水平度盘一起插入基座轴座，用中心锁紧螺旋固紧。在基座下面，用中心连接螺旋把整个经纬仪和三脚架相连接，基座上装有三个脚螺旋，用来整平仪器。

（2）读数装置如图2-4所示，光学经纬仪的读数采用显微放大装置和测微装置。

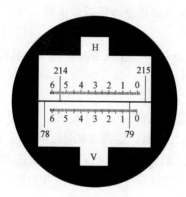

水平度盘读数 214°54′42″
竖直度盘读数 79°05′30″

图2-4　读数装置

显微放大装置：将度盘刻划照亮、转向、放大、成像于读数窗上。测微装置：在读数窗上测定不足一个度盘分划值的读数装置。DJ₆一般采用分微尺读数装置。分微尺有，其总长为度盘分划间隔长度。H－水平读数、V－竖直读数　度盘分划值为1°，60格，每格为1′，估读0.1′。

3. 经纬仪的基本操作

经纬仪的基本操作：对中、整平、照准、读数四项。对中与整平是在测站点安置经纬仪的基本工作。

（1）对中。对中的目的：使经纬仪水平度盘的中心（经纬仪的竖轴）安置在所测测站点的铅垂线上。对中方法：垂球对中（误差不大于 3mm）、光学对中器对中（误差不大于 1mm）

（2）整平。整平的目的：使经纬仪的竖轴位于铅垂线方向上，水平度盘处于水平位置。气泡移动方向与左手大拇指转动方向一致，使经纬仪的竖轴位于铅垂线方向，使水平度盘处于水平位置。

（3）照准。使要照准的点与十字丝的交点重合。照准目标底部，要消除视差。

（4）读数。转动读数显微镜看清读数。

2.3　全站仪的构造和使用

1. 全站仪

全站型电子速测仪简称全站仪，是一种可以同时进行角度（水平角、竖直角）测量、距离（斜距、平距、高差）测量和数据处理，由机械、光学、电子元件组合而成的测量仪器。由于只需一次安置，仪器便可以完成测站上所有的测量工作，故被称为"全站仪"。

全站仪上半部分包含有测量的四大光电系统，即水平角测量系统、竖直角测量系统、水平补偿系统和测距系统。通过键盘可以输入操作指令、数据和设置参数。以上各系统通过 I/O 接口接入总线与微处理机联系起来。

微处理机（CPU）是全站仪的核心部件，主要有寄存器系列（缓冲寄存器、数据寄存器、指令寄存器）、运算器和控制器组成。微处理机的主要功能是根据键盘指令启动仪器进行测量工作，执行测量过程中的检核和数据传输、处理、显示、储存等工作，保证整个光电测量工作有条不紊地进行。输入输出设备是与外部设备连接的装置（接口），输入输出设备使全站仪能与磁卡和微机等设备交互通讯、传输数据。

目前，世界上许多著名的测绘仪器生产厂商均生产有各种型号的全站仪。

2. 全站仪的操作与使用

不同型号的全站仪，其具体操作方法会有较大的差异。全站仪的基本构造如图 2-5 所示。

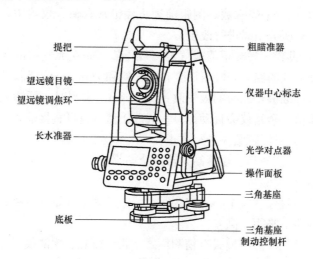

提把
望远镜目镜
望远镜调焦环
长水准器
底板

粗瞄准器
仪器中心标志
光学对点器
操作面板
三角基座
三角基座制动控制杆

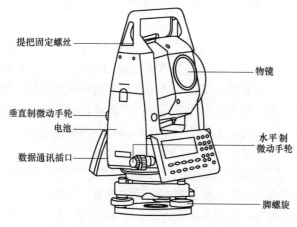

提把固定螺丝
垂直制微动手轮
电池
数据通讯插口

物镜
水平制微动手轮
脚螺旋

图 2-5　全站仪基本构造

下面简要介绍全站仪的基本操作与使用方法。

(1) 水平角测量

按角度测量键，使全站仪处于角度测量模式，照准第一个目标 A，设置 A 方向的水平度盘读数为 $0°00'00''$，照准第二个目标 B，此时显示的水平度盘读数即为两方向间的水平夹角。

(2) 距离测量

1) 设置棱镜常数。测距前须将棱镜常数输入仪器中，仪器会自动对所测距离进行改正。

2) 设置大气改正值或气温、气压值。光在大气中的传播速度会随大气的温度和气压而变化，15℃和 760mmHg 是仪器设置的一个标准值，此时的大气改正为 0ppm。实测时，可输入温度和气压值，全站仪会自动计算大气改正值（也可直接输入大气改正值），并对测距结果进行改正。

3) 量仪器高、棱镜高并输入全站仪。

4) 距离测量：

照准目标棱镜中心，按测距键，距离测量开始，测距完成时显示斜距、平距、高差。

全站仪的测距模式有精测模式、跟踪模式、粗测模式三种。

精测模式是最常用的测距模式，测量时间约 2.5s，最小显示单位 1mm；跟踪模式，常用于跟踪移动目标或放样时连续测距，最小显示一般为 1cm，每次测距时间约 0.3s；粗测模式，测量时间约 0.7s，最小显示单位 1cm 或 1mm。在距离测量或坐标测量时，可按测距模式（MODE）键选择不同的测距模式。

应注意，有些型号的全站仪在距离测量时不能设定仪器高和棱镜高，显示的高差值是全站仪横轴中心与棱镜中心的高差。

(3) 坐标测量

1) 设定测站点度盘读数为其方位角。当设定后视点的坐标时，全站仪会自动计算后视方向的方位角，并设定后视方向的水平度盘读数为其方位角。

2) 设置棱镜常数。

3）设置大气改正值或气温、气压值。

4）量仪器高、棱镜高并输入全站仪。

5）照准目标棱镜，按坐标测量键，全站仪开始测距并计算显示测点的三维坐标。

2.4 激光铅直仪的构造和使用

1. 激光铅锤仪的构造

激光铅垂仪的基本构造主要由氦氖激光管、精密竖轴、发射望远镜、水准器、基座、激光电源及接收屏等部分组成，如图2-6所示。

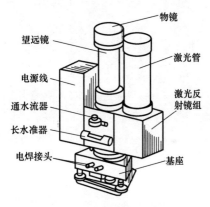

图 2-6 激光铅垂仪构造

激光器通过两组固定螺钉固定在套筒内。激光铅垂仪的竖轴是空心筒轴，两端有螺扣，上、下两端分别与发射望远镜和氦氖激光器套筒相连接，二者位置可对调，构成向上或向下发射激光束的铅垂仪。仪器上设置有两个互成90°的管水准器，仪器配有专用激光电源。

2. 激光铅垂仪投测轴线

投测方法如下：

（1）在首层轴线控制点上安置激光铅垂仪，利用激光器底端

（全反射棱镜端）所发射的激光束进行对中，通过调节基座整平螺旋，使管水准器气泡严格居中。

（2）在上层施工楼面预留孔处，放置接收靶。

（3）接通激光电源，启动激光器发射铅直激光束，通过发射望远镜调焦，使激光束会聚成红色耀目光斑，投射到接收靶上。

（4）移动接收靶，使靶心与红色光斑重合，固定接收靶，并在预留孔四周作出标记。在高层建筑上，铅垂仪是比较常用的仪器，通常依靠铅垂仪把点从预留洞传递上去。

第3章 测量仪器的检验与校正

3.1 水准仪的检验与校正

1. 圆水准器轴平行于仪器的竖轴的检验与校正

（1）检验方法

旋转脚螺旋使圆水准器气泡居中，然后将仪器绕竖轴旋转180°，如果气泡仍居中，则表示该几何条件满足；如果气泡偏出分划圈外，则需要校正。

（2）校正方法

校正时，先调整脚螺旋，使气泡向零点方向移动偏离值的一半，此时竖轴处于铅垂位置。然后，稍旋松圆水准器底部的固定螺丝，用校正针拨动三个校正螺丝，使气泡居中，这时圆水准器轴平行于仪器竖轴且处于铅垂位置。

圆水准器校正螺丝的结构如图 3-1 所示。此项校正需反复进行，直至仪器旋转到任何位置时，圆水准器气泡皆居中为止。最后旋紧固定螺丝。

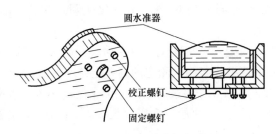

图 3-1　圆水准器校正螺丝

2. 十字丝中丝垂直于仪器的竖轴的检验与校正

（1）检验方法

安置水准仪，使圆水准器的气泡严格居中后，先用十字丝交点瞄准某一明显的点状目标 M，如图 3-2（a）所示，然后旋紧制动螺旋，转动微动螺旋，如果目标点 M 不离开中丝，如图 3-2（b）所示，则表示中丝垂直于仪器的竖轴；如果目标点 M 离开中丝，如图 3-2（c）所示，则需要校正。

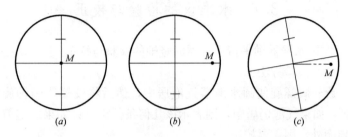

图 3-2　竖轴检验与校正

（2）校正方法

松开十字丝分划板座的固定螺丝转动十字丝分划板座，使中丝一端对准目标点 M，再将固定螺丝拧紧。此项校正也需反复进行。

3. 水准管轴平行于视准轴的检验与校正

（1）检验方法

如图 3-3 所示，在较平坦的地面上选择相距约 80m 的 A、B 两点，打下木桩或放置尺垫。用皮尺丈量，定出 AB 的中间点 C。

1）在 C 点处安置水准仪，用变动仪器高法，连续两次测出 A、B 两点的高差，若两次测定的高差之差不超过 3mm，则取两次高差的平均值 h_{AB} 作为最后结果。由于距离相等，视准轴与水准管轴不平行所产生的前、后视读数误差 x_1 相等，故高差 h_{AB} 不受视准轴误差的影响。

2）在离 B 点大约 3m 左右的 D 点处安置水准仪，精平后读得 B 点尺上的读数为 b_2，因水准仪离 B 点很近，两轴不平行引

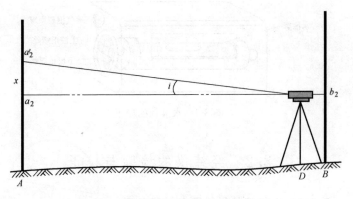

图 3-3　水准管轴平行于视准轴的检验

起的读数误差 x_2 可忽略不计。根据 b_2 和高差 h_{AB} 算出 A 点尺上视线水平时的应读读数为：

$$a_2' = b_2 + h_{AB}$$

然后，瞄准 A 点水准尺，读出中丝的读数 a_2，如果 a_2' 与 a_2 相等，表示两轴平行。否则存在 i 角，其角值为：

$$i = \frac{a_2' - a_2}{D_{AB}} \rho$$

式中　D_{AB}——A、B 两点间的水平距离（m）；

　　　　i——视准轴与水准管轴的夹角（″）；

　　　　ρ——一弧度的秒值，$\rho = 206265''$。

对于 DS3 型水准仪来说，i 角值不得大于 $20''$，如果超限，则需要校正。

（2）校正方法

转动微倾螺旋，使十字丝的中丝对准 A 点尺上应读读数 a_2'，用校正针先拨松水准管一端左、右校正螺丝，如图 3-4 所示，再拨动上、下两个校正螺丝，使偏离的气泡重新居中，最后要将校正螺丝旋紧。此项校正工作需反复进行，直至达到要求为止。

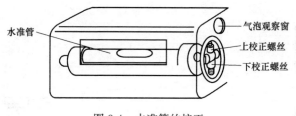

图 3-4　水准管的校正

3.2　经纬仪的检验与校正

3.2.1　经纬仪的轴线及各轴线关系

如图 3-5 所示，经纬仪的主要轴线有竖轴 VV_1、横轴 HH_1、视准轴 CC_1 和水准管轴 LL_1。经纬仪各轴线之间应满足以下几何条件：

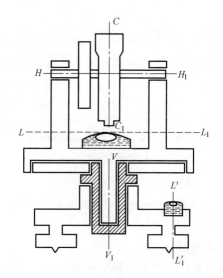

图 3-5　轴线示意

（1）水准管轴 LL_1 应垂直于竖轴 VV_1；

（2）十字丝纵丝应垂直于横轴 HH_1；

（3）视准轴 CC_1 应垂直于横轴 HH_1；

（4）横轴 HH_1 应垂直于竖轴 VV_1；

（5）竖盘指标差为零。

经纬仪应满足的上述几何条件的，经纬仪在使用前或使用一段时间后，应进行检验，如发现上述几何条件不满足，则需要进行校正。

3.2.2　经纬仪的检验与校正

1. 水准管轴 LL_1 垂直于竖轴 VV_1 的检验与校正

（1）检验

首先利用圆水准器粗略整平仪器，然后转动照准部使水准管平行于任意两个脚螺旋的连线方向，调节这两个脚螺旋使水准管气泡居中，再将仪器旋转 $180°$，如水准管气泡仍居中，说明水准管轴与竖轴垂直；若气泡不再居中，则说明水准管轴与竖轴不垂直，需要校正。

（2）校正

如图 3-6（a），设水准管轴与竖轴不垂直，倾斜了 α 角，当水准管气泡居中时，竖轴与铅垂线的夹角为 α。将仪器绕竖轴旋转 $180°$ 后，竖轴位置不变，而水准管轴与水平线的夹角为 2α，如图 3-6（b）。

校正时，先相对旋转这两个脚螺旋，使气泡向中心移动偏离值的一半，如图 3-6（c）所示，此时竖轴处于竖直位置。然后用校正针拨动水准管一端的校正螺钉，使气泡居中，如图 3-6（d）所示，此时水准管轴处于水平位置。

此项检验与校正比较精细，应反复进行，直至照准部旋转到任何位置，气泡偏离零点不超过半格为止。

2. 十字丝竖丝的检验与校正

（1）检验

首先整平仪器，用十字丝交点精确瞄准一明显的点状目标，如图 3-7 所示。然后制动照准部和望远镜，转动望远镜微动螺旋使望远镜绕横轴作微小俯仰，如果目标点始终在竖丝上移动，说

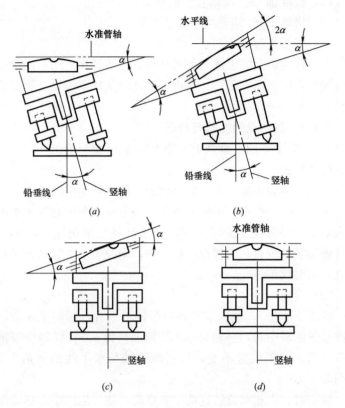

图 3-6　水准管轴垂直于竖轴的检验与校正

明条件满足，如图 3-7（a）所示；否则需要校正，如图 3-7（b）
所示。

（2）校正

与水准仪中横丝应垂直于竖轴的校正方法相同，此处只是应
使纵丝竖直，如图 3-8 所示。校正时，先打开望远镜目镜端护
盖，松开十字丝环的四个固定螺钉，按竖丝偏离的反方向微微转
动十字丝环，使目标点在望远镜上下俯仰时始终在十字丝纵丝上
移动为止，最后旋紧固定螺钉拧紧，旋上护盖。

3. 视准轴 CC_1 垂直于横轴 HH_1 的检验与校正

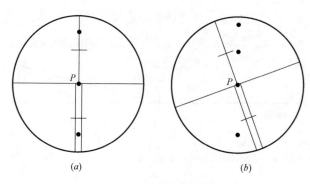

图 3-7　十字丝纵丝的检验

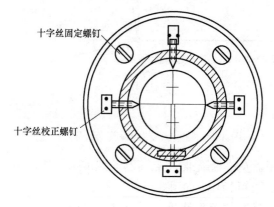

图 3-8　十字丝纵丝的校正

视准轴不垂直于水平轴所偏离的角值 c 称为视准轴误差。具有视准轴误差的望远镜绕水平轴旋转时，视准轴将扫过一个圆锥面，而不是一个平面。

（1）检验

视准轴误差的检验方法有盘左盘右读数法和四分之一法两种，下面具体介绍四分之一法的检验方法。

1）在平坦地面上，选择相距约 100m 的 A、B 两点，在 AB 连线中点 O 处安置经纬仪，如图 3-10 所示，并在 A 点设置一瞄准标志，在 B 点横放一根刻有毫米分划的直尺，使直尺垂直于视线 OB，A 点的标志、B 点横放的直尺应与仪器大致同高。

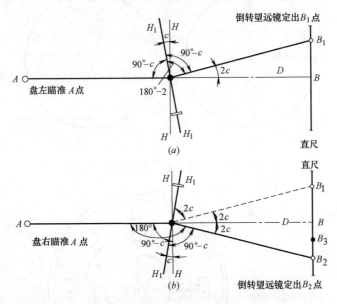

图 3-9　视准轴误差的检验（四分之一法）

2）用盘左位置瞄准 A 点，制动照准部，然后纵转望远镜，在 B 点尺上读得 B_1，如图 3-9（a）所示。

3）用盘右位置再瞄准 A 点，制动照准部，然后纵转望远镜，再在 B 点尺上读得 B_2，如图 3-9（b）所示。

如果 B_1 与 B_2 两读数相同，说明视准轴垂直于横轴。如果 B_1 与 B_2 两读数不相同，由图 3-9（b）可知，$\angle B_1 OB_2 = 4c$，由此算得

$$c = \frac{B_1 B_2}{4D} \rho$$

式中　D——O 到 B 点的水平距离（m）；

$B_1 B_2$——B_1 与 B_2 的读数差值（m）；

ρ——一弧度秒值，$\rho = 206265$（$''$）。

对于 DJ6 型经纬仪，如果 $c > 60''$，则需要校正。

（2）校正

校正时，在直尺上定出一点 B_3，使 $B_2B_3 = B_1B_2/4$，OB_3 便与横轴垂直。打开望远镜目镜端护盖，如图 3-10 所示，用校正针先松十字丝上、下的十字丝校正螺钉，再拨动左右两个十字丝校正螺钉，一松一紧，左右移动十字丝分划板，直至十字丝交点对准 B_3。此项检验与校正也需反复进行。

4. 横轴 HH_1 垂直于竖轴 VV_1 的检验与校正

若横轴不垂直于竖轴，则仪器整平后竖轴虽已竖直，横轴并不水平，因而视准轴绕倾斜的横轴旋转所形成的轨迹是一个倾斜面。这样，当瞄准同一铅垂面内高度不同的目标点时，水平度盘的读数并不相同，从而产生测角误差，影响测角精度，因此必须进行检验与校正。

（1）检验

检验方法如下：

1）在距一垂直墙面 20～30m 处，安置经纬仪，整平仪器，如图 3-10 所示。

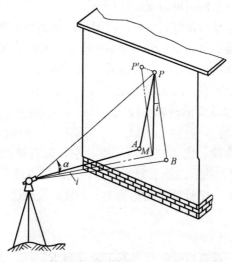

图 3-10　横轴垂直于竖轴的检验与校正

23

2）盘左位置，瞄准墙面上高处一明显目标 P，仰角宜在 30°左右。

3）固定照准部，将望远镜置于水平位置，根据十字丝交点在墙上定出一点 A。

4）倒转望远镜成盘右位置，瞄准 P 点，固定照准部，再将望远镜置于水平位置，定出点 B。

如果 A、B 两点重合，说明横轴是水平的，横轴垂直于竖轴；否则，需要校正。

（2）校正

校正方法如下：

1）在墙上定出 A、B 两点连线的中点 M，仍以盘右位置转动水平微动螺旋，照准 M 点，转动望远镜，仰视 P 点，这时十字丝交点必然偏离 P 点，设为 P′点。

2）打开仪器支架的护盖，松开望远镜横轴的校正螺钉，转动偏心轴承，升高或降低横轴的一端，使十字丝交点准确照准 P 点，最后拧紧校正螺钉。

此项检验与校正也需反复进行。

由于光学经纬仪密封性好，仪器出厂时又经过严格检验，一般情况下横轴不易变动。但测量前仍应加以检验，如有问题，最好送专业修理单位检修。近代高质量的经纬仪，设计制造时保证了横轴与竖轴垂直，故无须校正。

5. 竖盘水准管的检验与校正

（1）检验

安置经纬仪。仪器整平后，用盘左、盘右观测同一目标点 A，分别使竖盘指标水准管气泡居中，读取竖盘读数 L 和 R，用 $[(L+R)-360]/2$ 计算竖盘指标差 x，若 x 值超过 $1'$ 时，需要校正。

（2）校正

先计算出盘右位置时竖盘的正确读数 $R_0 = R - x$，原盘右位置瞄准目标 A 不动，然后转动竖盘指标水准管微动螺旋，使竖

盘读数为 R_0，此时竖盘指标水准管气泡不再居中了，用校正针拨动竖盘指标水准管一端的校正螺钉，使气泡居中。

此项检校需反复进行，直至指标差小于规定的限度为止。

3.3 全站仪的检验与校正

1. 照准部水准轴应垂直于竖轴的检验和校正

检验时先将仪器大致整平，转动照准部使其水准管与任意两个脚螺旋的连线平行，调整脚螺旋使气泡居中，然后将照准部旋转 $180°$，若气泡仍然居中则说明条件满足，否则应进行校正。校正的目的是使水准管轴垂直于竖轴。即用校正针拨动水准管一端的校正螺钉，使气泡向正中间位置退回一半。为使竖轴竖直，再用脚螺旋使气泡居中即可。此项检验与校正必须反复进行，直到满足条件为止。

2. 十字丝竖丝应垂直于横轴的检验和校正

检验时用十字丝竖丝瞄准一清晰小点，使望远镜绕横轴上下转动，如果小点始终在竖丝上移动则条件满足，否则需要进行校正。

校正时松开四个压环螺钉（装有十字丝环的目镜用压环和四个压环螺钉与望远镜筒相连接），转动目镜筒使小点始终在十字丝纵丝上移动，校好后将压环螺钉旋紧。

3. 视准轴应垂直于横轴的检验和校正

选择一水平位置的目标，盘左盘右观测之，取它们的读数（顾及常数 $180°$）即得两倍的 c（$c = 1/2$（$\alpha_左 - \alpha_右$）。

4. 横轴应垂直于竖轴的检验和校正

选择较高墙壁近处安置仪器。以盘左位置瞄准墙壁高处一点 P（仰角最好大于 $30°$），放平望远镜在墙上定出一点 m_1。倒转望远镜，盘右再瞄准 P 点，又放平望远镜在墙上定出另一点 m_2。如果 m_1 与 m_2 重合，则条件满足，否则需要校正。校正时，瞄准 m_1、m_2 的中点 m，固定照准部，向上转动望远镜，此时十字丝交点将不对准 P 点。抬高或降低横轴的一端，使十字丝的交点对准 P 点。此项检验也要反复进行，直到条件满足为止。

以上四项检验校正，以 1、3、4 项最为重要，在观测期间最好经常进行。每项检验完毕后必须旋紧有关的校正螺钉。

第4章 测量误差基本知识

4.1 测量误差的来源及其分类

任何测量都是在某一环境条件下，由测量人员使用符合要求的计量器具按照规定测量方法来完成的。因此，误差测量来源主要有：环境误差、人员误差、器具误差、方法误差。

测量误差主要分为三大类：系统误差、随机误差、粗大误差。

设被测量的真值为 N'，测得值为 N，则测量误差 Δ'_N 为 $\Delta'_N = N - N'$。

1. 系统误差

在相同的观测条件下，对某量进行了 n 次观测，如果误差出现的大小和符号均相同或按一定的规律变化，这种误差称为系统误差。系统误差一般具有累积性。

系统误差产生的主要原因之一，是由于仪器设备制造不完善。例如，用一把名义长度为 50m 的钢尺去量距，经检定钢尺的实际长度为 50.005m，则每量尺，就带有 +0.005m 的误差（"+"表示在所量距离值中应加上），丈量的尺段越多，所产生的误差越大。所以这种误差与所丈量的距离成正比。

再如，在水准测量时，当视准轴与水准管轴不平行而产生夹角时，对水准尺的读数所产生的误差为 $l \times i''/\rho''$（$\rho'' = 206265''$，是一弧度对应的秒值），它与水准仪至水准尺之间的距离 l 成正比，所以这种误差按某种规律变化。

系统误差具有明显的规律性和累积性，对测量结果的影响很大。但是由于系统误差的大小和符号有一定的规律，所以可以采取措施加以消除或减少其影响。

2. 偶然误差

在相同的观测条件下，对某量进行 n 次观测，如果误差出现的大小和符号均不一定，则这种误差称为偶然误差，又称为随机误差。例如，用经纬仪测角时的照准误差，钢尺量距时的读数误差等，都属于偶然误差。

偶然误差，就其个别值而言，在观测前我们确实不能预知其出现的大小和符号。但若在一定的观测条件下，对某量进行多次观测，误差却呈现出一定的规律性，称为统计规律。而且，随着观测次数的增加，偶然误差的规律性表现得更加明显。

偶然误差具有如下四个特征：

（1）在一定的观测条件下，偶然误差的绝对值不会超过一定的限值（本例为 1.6″）；

（2）绝对值小的误差比绝对值大的误差出现的机会多（或概率大）；

（3）绝对值相等的正、负误差出现的机会相等；

（4）在相同条件下，同一量的等精度观测，其偶然误差的算术平均值，随着观测次数的无限增大而趋于零。

3. 粗大误差

在一定的测量条件下，超出规定条件下预期的误差称为粗大误差。一般地，给定一个显著性的水平，按一定条件分布确定一个临界值，凡是超出临界值范围的值，就是粗大误差，它又叫做粗误差或寄生误差。

产生粗大误差的主要原因如下：

（1）客观原因：电压突变、机械冲击、外界震动、电磁（静电）干扰、仪器故障等引起了测试仪器的测量值异常或被测物品的位置相对移动，从而产生了粗大误差；

（2）主观原因：使用了有缺陷的量具；操作时疏忽大意；读数、记录、计算的错误等。另外，环境条件的反常突变因素也是产生这些误差的原因。

粗大误差不具有抵偿性，它存在于一切科学实验中，不能被彻底消除，只能在一定程度上减弱。它是异常值，严重歪曲了实际情况，所以在处理数据时应将其剔除，否则将对标准差、平均差产生严重的影响。

4.2 衡量精度的指标

4.2.1 精度

精度是测量值与真值的接近程度。包含精密度和准确度两方面。

精度常使用三种方式来表征。①最大误差占真实值的百分比，如测量误差 3%；②最大误差，如测量精度 ±0.02mm；③误差正态分布，如误差 0%～10%占比例 65%，误差 10%～20%占比例 20%，误差 20%～30%占比例 10%，误差 30%以上占比例 5%。

比较以上三种表征方式，可以看出：

(1) 最大误差百分比方式简单直观。由于基于真实值，不具体。在不知道真实值的情况下，无法判读误差的具体大小。

(2) 最大误差方式简单直观，反映了误差的具体值，但是有片面性。

(3) 误差正态分布方式科学、全面、系统，但是表述较为复杂，所以反而不如前两种应用广泛。

4.2.2 衡量精度指标

在相同的观测条件下，对某量进行多次观测，为了鉴定观测结果的精确程度，必须有一个衡量精度的标准。常用的标准有如下四种：

1. 中误差

中误差是衡量观测精度的一种数字标准，亦称"标准差"或"均方根差"。在相同观测条件下的一组真误差平方中数的平方根。因真误差不易求得，所以通常用最小二乘法求得的观测值改正数来代替真误差。它是观测值与真值偏差的平方和观测次数 n 比值的平方根。

中误差不等于真误差,它仅是一组真误差的代表值。中误差的大小反映了该组观测值精度的高低,因此,通常称中误差为观测值的中误差。

2. 容许误差

容许误差又称极限误差。

根据误差理论及实践证明,在大量同精度观测的一组误差中,绝对值大于 2 倍中误差的偶然误差,其出现的可能性约为 5%;大于 3 倍中误差的偶然误差,其出现的可能性仅有 0.3%。一般进行的测量次数是有限的,2 倍中误差应该很少遇到,因此,以 2 倍中误差作为允许的极限误差。

3. 平均误差

所谓平均误差,就是指在等精度测量中,所测得所有测量值的随机误差的算术平均值。平均误差值 $\theta = 0.7979\sigma \approx 4/5\sigma$,其中 σ 为标准差,或称方均根误差。

在相同测量条件下进行的测量称为等精度测量,例如在同样的条件下,用同一个游标卡尺测量铜棒的直径若干次,这就是等精度测量。

对于等精度测量来说,还有一种更好的表示误差的方法,就是标准误差。标准误差定义为各测量值误差的平方和的平均值的平方根,故又称为均方误差。

设 n 个测量值的误差为 ε_1、ε_2……ε_n,均方误差等于测量值与真值之差的平方之和除以 $(n-1)$ 再开方。

由于被测量的真值是未知数,各测量值的误差也都不知道,因此不能按公式求得标准误差。因此实际计算中,真值通常用算术平均值代替,而且也容易算出测量值和算术平均值之差。

4. 相对误差

相对误差指的是测量所造成的绝对误差与被测量〔约定〕真值之比,乘以 100% 所得的数值,以百分数表示。一般来说,相对误差更能反映测量的可信程度。相对误差等于测量值减去真值的差的绝对值除以真值，再乘以100％。

例如，测量者用同一把尺子测量长度为 1cm 和 10cm 的物体，它们的测量值的绝对误差显然是相同的，但是相对误差前者比后者大了一个数量级，表明后者测量值更为可信。

绝对误差是既指明误差的大小，又指明其正负方向，以同一单位量纲反映测量结果偏离真值大小的值，它确切地表示了偏离真值的实际大小。

相对误差是指"测量的绝对误差与被测量的真值之比"，即该误差相当于测量的绝对误差占真值（或给出值）的百分比或用数量级表示，它是一个无量纲的值。

第5章 施工测量基本知识

5.1 水 准 测 量

水准测量为了避免测量错误和误差的出现需要做好以下三项工作：

1. 计算检核

B 点对 A 点的高差等于各转点之间高差的代数和，也等于后视读数之和减去前视读数之和，因此，此代数和可用来作为计算的检核。但计算检核只能检查计算是否正确，不能检核观测和记录时是否产生错误，如图 5-1 所示。

2. 测站检核

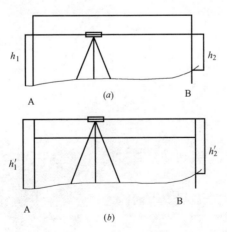

图 5-1 变动仪器高度法测站校核

根据图 5-1（a）可知 $H_B = H_A + h_1 - h_2$，调整仪器高度后为图 5-1（b）可知 $H_B = H_A + h_1' - h_2'$，比较两次 B 点高程是否一致，可以验算高差是否准确。

B点的高程是根据 A 点的已知高程和转点之间的高差计算出来。若其中测错任何一个高差，B点高程就不会正确。因此，对每一站的高差，都必须采取措施进行检核测量。

（1）变动仪器高度法：同一测站用两次不同的仪器高度，测得两次高差以相互比较进行检核。

（2）双面尺法：仪器高度不变，立在前视点和后视点上的水准尺分别用黑面和红面各进行一次读数，测得两次高差，相互进行检核。

3. 成果检核

测站检核只能检核一个测站上是否存在错误或误差超限。由于温度、风力、大气折光、尺垫下沉和仪器下沉等外界条件引起的误差，尺子倾斜和估读的误差，以及水准仪本身的误差等，虽然在一个测站上反映不很明显，但随着测站数的增多使误差积累，有时也会超过规定的限差。

（1）附合水准路线检核；

（2）闭合水准路线检核；

（3）支水准路线检核。

5.2 角 度 测 量

角度测量误差来源有仪器误差、观测误差和外界环境造成的误差。研究这些误差是为了找出消除和减少这些误差的方法。

1. 仪器误差

仪器误差包括仪器校正之后的残余误差及仪器加工不完善引起的误差，如图 5-2 所示。

（1）视准轴误差是由视准轴不垂直于横轴引起的，对水平方向观测值的影响为 $2c$。由于盘左、盘右观测时符号相反，故水平角测量时，可采用盘左、盘右取平均的方法加以消除。

（2）横轴误差是由于支承横轴的支架有误差，造成横轴与竖轴不垂直。盘左、盘右观测时对水平角影响为 $2i$ 角误差，并且方向相反。所以也可以采用盘左、盘右观测值取平均的方法消除。

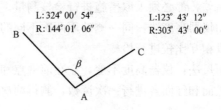

L:324° 00′ 54″
R:144° 01′ 06″

L:123° 43′ 12″
R:303° 43′ 00″

图 5-2　视准轴误差示例

由图可知 AB 方向盘左读数、盘右读数之间有误差。2c 产生的原因，主要是仪器本身的制作工艺问题，可以理解为视准轴与水平度盘 0 刻划之间的夹角，盘左照准目标时度盘读数产生了一个 +c 角，盘右读数时则产生一个 −c 角，所以盘左-盘右就得到一个差数 2c。

（3）竖轴倾斜误差是由于水准管轴不垂直于竖轴，以及竖轴水准管不居中引起的误差。这时，竖轴偏离竖直方向一个小角度，从而引起横轴倾斜及度盘倾斜，造成测角误差。这种误差与正、倒镜观测无关，并且随望远镜瞄准不同方向而变化，不能用正、倒镜取平均的方法消除。因此，测量前应严格检校仪器，观测时仔细整平，并始终保持照准部水准管气泡居中，气泡不可偏离一格。

（4）度盘刻划不均匀误差是由于仪器加工不完善引起的。这项误差一般很小。在高精度测量时，为了提高测角精度，可利用度盘位置变换手轮或复测扳手在各测回间变换度盘位置，减小这项误差的影响。

（5）盘右取平均的方法消除。

2. 观测误差

（1）对中误差

在测角时，若经纬仪对中有误差，将使仪器中心与测站点不在同一铅垂线上，造成测角误差。这项误差不能通过观测方法消除，所以测水平角时要仔细对中，在短边测量时更要严格对中。

（2）目标偏心误差

目标偏心是由于标杆倾斜引起的。如标杆倾斜，又没有瞄准底部，则产生目标偏心误差，目标偏心误差对水平方向影响与 e 成正比，与边长成反比。为了减少这项误差，测角时标杆应竖直，并尽可能瞄准底部。

（3）照准误差

测角时由人眼通过望远镜瞄准目标产生的误差称为照准误差。影响照准误差的因素很多，如望远镜放大倍数、人眼分辨率、十字丝的粗细、标志形状和大小、目标影像亮度、颜色等，通常以人眼最小分辨视角（$60''$）和望远镜放大率 Γ 来衡量仪器的照准精度。

（4）读数误差

读数误差主要取决于仪器读数设备。对于采用分微尺读数系统的经纬仪，读数中误差为测微器最小分划值的 $1/10$，即 $6''$。

3. 外界条件的影响

角度观测是在一定外界条件下进行的。外界环境对测角精度有直接影响，如大风、日晒、土质情况对仪器稳定性的影响及对气泡居中的影响，大气热辐射、大气折光对瞄准目标影响等。所以应选择微风多云，空气清晰度好，大气湍流不严重的条件下观测。

5.3 距离测量与直线定向

1. 直接距离测量误差

（1）错误

1）读数错误。

2）记录错误。

3）误认量尺之起点。

4）整尺段的次数记错。

（2）系统误差

1）量尺与标准尺在同一情况下长度不符。

2）因温度升降的尺长改变。

3）引拉力变化的尺长改变。

4）量尺中部悬空，拉力不足时，形成垂曲产生的悬垂误差。

（3）偶然误差

1）尺的末端未精确对准量距起终点。

2）读数不准确。

3）斜坡量距时垂球没有垂准。

4）微小拉力变化所引起的尺长改变为偶然误差。

2. 视距测量误差

（1）仪器误差

1）视距常数误差：视距常数之值与实际不符而直接采用，即造成视距误差。

2）视距尺误差：视距尺尺长不准或刻画不均匀，视距尺的误差应以钢尺检核。

3）指标差：指标差对高程的影响甚大，故仪器若出现指标差，应求出指标差以改正纵角，或取正倒镜观测平均值。

（2）人为误差

1）视距尺没有垂直的误差：远镜水平时不论视距尺前倾或后倾，所得的视距间隔为恒大。远镜倾斜时，则视距尺前倾、后倾可使视距间隔减小、增大，故应使视距尺垂直，在尺侧加圆盒水准器或吊以垂球比较即可。

2）读数误差：视线太远、望远镜放大倍率较小、透镜品质欠佳、视距丝太粗、视距尺扶持不稳、刻画不清晰或折光而摇晃等均可造成读数误差。

3）读数错误。

4）记录错误：误读、误报、误记使记录错误。

（3）自然误差：包括有大气折光、地球曲率、风等自然环境的影响。

第6章　建筑物的施工测量

6.1　建筑物主轴线及定位测设

1. 建筑主轴线的测设

（1）主轴线的布设形式：根据建筑物的布置情况和施工现场实际条件，主轴线可布置成三点直线形、三点直角形、四点丁字形、五点十字形。

（2）根据建筑红线测设主轴线：根据城市规划部门批复的总平面图所给定的建筑红线进行定位放线。定位放线时依据建筑物主轴线与建筑红线之间的相互位置关系，进行建筑物主轴线的测设。

（3）根据已有建筑物测设主轴线，根据拟建的建筑物与原有建筑物或道路中心线的位置关系，进行建筑物主轴线的测设。

（4）根据建筑物方格网测设主轴线，在施工现场有建筑物方格网时，可根据建筑物各角点的坐标，进行建筑物主轴线的测设。

2. 建筑物定位放线

（1）基础放线

根据建筑物主轴线控制点先将建筑物外墙轴线的交点用木桩定于地上，并在桩顶上钉上小钉作为标志（或在粗钢筋上划十字），再将所有房间轴线测出，然后检查建筑物轴线距离，其误差不得超过轴线长度的 1/2000，最后根据轴线，用石灰在地面上撒出基槽开挖线。

（2）控制桩的设置

由于龙门板在施工过程中容易被施工机具或运输车辆碰坏，

因此可采用控制桩的方法作为开挖后各阶段施工中确定轴线的依据。控制桩在轴线延长线上钉设，距基槽外边线 2～4m。也可用经纬仪将轴线延长，投射到附近建筑物上，用红色油漆作出标记，以代替控制桩。

6.2 建筑物基础施工测量放线及高程传递

1. 建筑物基础施工测量放线

（1）基坑抄平

为了控制基坑开挖深度，当基坑快挖至退台和设计标高时，应用水准仪在坑壁上每隔 3～4m 测设一些小水平桩，作为基坑开挖深度的测量依据。

（2）砌体皮数杆的设置

立皮数标杆时，可先在立杆处钉一木桩，用水准仪在木桩上抄一水平线，然后将皮数杆标高线对准木桩上的水平线，并用钉子将木桩和皮数杆钉牢在一起，作为控制砌筑标高的依据。

2. 高层施工测量放线

（1）轴线投测

在施工过程中，为了保证建筑物轴线正确，可以用经纬仪根据轴线控制桩，采取外控法或内控法把轴线投测到各层楼板边缘或柱面上。

（2）高程传递

下层向上层传递标高一般采用钢尺直接丈量和吊钢尺法的传递方法，然后利用水平仪在各楼面进行复核抄平，最后在柱面或墙面上弹出＋50 控制线。

第7章　建筑物变形测量

7.1　沉降观测

为了保证建（构）筑物的正常使用寿命和建（构）筑物的安全性，并为以后的勘察设计施工提供可靠的资料及相应的沉降参数，建（构）筑物沉降观测的必要性和重要性愈加明显。现行规范也规定，高层建筑物、高耸构筑物、重要古建筑物及连续生产设施基础、动力设备基础、滑坡监测等均要进行沉降观测。特别在高层建筑物施工过程中，应用沉降观测加强过程监控，指导合理的施工工序，预防在施工过程中出现不均匀沉降，及时反馈信息，为勘察设计施工部门提供详尽的一手资料，避免因沉降原因造成建筑物主体结构的破坏或产生影响结构使用功能的裂缝，造成巨大的经济损失。

1. 沉降观测点的布设

应能全面反映建筑及地基变形特征，并顾及地质情况及建筑结构特点。点位宜选设在下列位置：建筑的四角、核心筒四角、大转角处及沿外墙每 10～20m 处或每隔 2～3 根柱基上；高低层建筑、新旧建筑、纵横墙等交接处的两侧；建筑裂缝、后浇带和沉降缝两侧、基础埋深相差悬殊处、人工地基与天然地基接壤处、不同结构的分界处及填挖方分界处；对于宽度大于等于 15m 或小于 15m 而地质复杂以及膨胀土地区的建筑，应在承重内隔墙中部设内墙点，并在室内地面中心及四周设地面点；邻近堆置重物处、受振动有显著影响的部位及基础下的暗浜（沟）处；框架结构建筑的每个或部分柱基上或沿纵横轴线上；筏形基础、箱形基础底板或接近基础的结构部分之四角处及其中部位置；重型设备基础和动力设备基础的四角、基础形式或埋深改变处以及地质条件变化处两侧；对于电视塔、烟囱、水塔、油罐、炼油塔、高炉等高耸建筑，应设在沿周边与基础轴线相交的对称位置上，点数不少于 4 个。

2. 沉降观测的标志

可根据不同的建筑结构类型和建筑材料，采用墙（柱）标志、基础标志和隐蔽式标志等形式，并符合下列规定：各类标志的立尺部位应加工成半球形或有明显的突出点，并涂上防腐剂；标志的埋设位置应避开雨水管、窗台线、散热器、暖水管、电气开关等有碍设标与观测的障碍物，并应视立尺需要离开墙（柱）面和地面一定距离。

3. 沉降观测的周期和观测时间

应按下列要求并结合实际情况确定：

（1）施工阶段观测周期：普通建筑可在基础完工后或地下室砌完后开始观测，大型、高层建筑可在基础垫层或基础底部完成后开始观测；观测次数与间隔时间应视地基与加荷情况而定。民用高层建筑可每加高 1～5 层观测一次，工业建筑可按回填基坑、安装柱子和屋架、砌筑墙体、设备安装等不同施工阶段分别进行观测。若建筑施工均匀增高，应至少在增加荷载的 25％、50％、75％和 100％时各测一次；施工过程中若暂停工，在停工时及重新开工时应各观测一次。停工期间可每隔 2～3 个月观测一次；

（2）建筑使用阶段的观测次数，应视地基土类型和沉降速率大小而定。除有特殊要求外，可在第一年观测 3～4 次，第二年观测 2～3 次，第三年后每年观测 1 次，直至稳定为止；

（3）在观测过程中，若有基础附近地面荷载突然增减、基础口周大量积水、长时间连续降雨等情况，均应及时增加观测次数。当建筑突然发生大量沉降、不均匀沉降或严重裂缝时，应立即进行逐日或 2～3d 一次的连续观测；

（4）建筑沉降是否进入稳定阶段，应由沉降量与时间关系曲线判定。当最后 100d 的沉降速率小于 0.01～0.04mm／d 时可认为已进入稳定阶段。具体取值宜根据各地区地基土的压缩性能确定。

沉降观测的作业方法和技术要求应符合下列规定：对二级、三级沉降观测，除建筑转角点、交接点、分界点等主要变形特征点外，允许使用间视法进行观测，但视线长度不得大于相应等级规定的长度；观测时，仪器应避免安置在有空压机、搅拌机、卷扬机、起重机等振动影响的范围内；每次观测应记载施工进度、荷载量变动、建筑倾斜裂缝等各种影响沉降变化和异常的情况。

沉降观测应提交下列图表：工程平面位置图及基准点分布图；沉降观测点位分布图；沉降观测成果表；时间－荷载－沉降量曲线图。

7.2 位 移 观 测

1. 水平位移点位设置和观测周期

（1）建筑水平位移观测点的位置应选在墙角、柱基及裂缝两边等处。标志可采用墙上标志，具体形式及其埋设应根据点位条件和观测要求确定。

（2）水平位移观测的周期，对于不良地基土地区的观测，可与一并进行的沉降观测协调确定；对于受基础施工影响的有关观测，应按施工进度的需要确定，可逐日或隔2～3d观测一次，直至施工结束。

2. 水平位移观测方法

当测量地面观测点在特定方向的位移时，可使用视准线、激光准直、测边角等方法。

（1）当采用视准线法测定位移时，应符合下列规定：

1）在视准线两端各自向外的延长线上，宜埋设检核点。在观测成果的处理中，应顾及视准线端点的偏差改正；

2）采用活动觇牌法进行视准线测量时，观测点偏离视准线的距离不应超过活动觇牌读数尺的读数范围。应在视准线一端安置经纬仪或视准仪，瞄准安置在另一端的固定觇牌进行定向，待活动觇牌的照准标志正好移至方向线上时读数。每个观测点应按确定的测回数进行往测与返测；

3）采用小角法进行视准线测量时，视准线应按平行于待测建筑边线布置，观测点偏离视准线的偏角不应超过30″。

（2）当采用激光准直法测定位移时，应符合下列规定：

1）使用激光经纬仪准直法时，当要求具有 $10^{-5} \sim 10^{-4}$ 量级准直精度时，可采用 DJ2 型仪器配置氦—氖激光器或半导体激光器的激光经纬仪及光电探测器或目测有机玻璃方格网板；当要求达 10^{-6} 量级精度时，可采用 DJ1 型仪器配置高稳定性氦—氖激光器或半导体激光器的激光经纬仪及高精度光电探测系统；

2）对于较长距离的高精度准直，可采用三点式激光衍射准直系统或衍射频谱成像及投影成像激光准直系统。对短距离的高精度准直，可采用衍射式激光准直仪或连续成像衍射板准直仪；

3）激光仪器在使用前必须进行检校，仪器射出的激光束轴线、发射系统轴线和望远镜照准轴应三者重合，观测目标与最小激光斑应重合；

（3）当采用测边角法测定位移时，对主要观测点，并以该点为测站测出对应视准线端点的边长和角度，求得偏差值。对其他观测点，可选适宜的主要观测点为测站，测出对应其他观测点的距离与方向值，按坐标法求得偏差值。角度观测测回数与长度的丈量精度要求，应根据要求的偏差值观测中误差确定。

（4）测量观测点任意方向位移时，可视观测点的分布情况，采用前方交会或方向差交会及极坐标等方法。单个建筑亦可采用直接量测位移分量的方向线法，在建筑纵、横轴线的相邻延长线上设置固定方向线，定期测出基础的纵向和横向位移。

（5）对于观测内容较多的大测区或观测点远离稳定地区的测区，宜采用测角、测边、边角及 GPS 与基准线法相结合的综合测量方法。

3. 水平位移观测应提交下列图表

水平位移观测点位布置图；水平位移观测成果表；水平位移曲线图。

7.3 倾斜变形观测

建筑主体倾斜观测应测定建筑顶部观测点相对于底部固定点或上层相对于下层观测点的倾斜度、倾斜方向及倾斜速率。刚性建筑的整体倾斜，可通过测量顶面或基础的差异沉降来间接确定。

1. 测点布设

主体倾斜观测点和测站点的布设应符合下列要求：当从建筑外部观测时，测站点的点位应选在与倾斜方向成正交的方向线上距照准目标 1.5～2.0 倍目标高度的固定位置。当利用建筑内部竖向通道观测时，可将通道底部中心点作为测站点；对于整体倾斜，观测点及底部固定点应沿着对应测站点的建筑主体竖直线，在顶部和底部上下对应布设；对于分层倾斜，应按分层部位上下对应布设；按前方交会法布设的测站点，基线端点的选设应顾及测距或长度丈量的要求。按方向线水平角法布设的测站点，应设置好定向点。

2. 测点标志设置

主体倾斜观测点位的标志设置应符合下列要求：建筑顶部和墙体上的观测点标志可采用埋入式照准标志。当有特殊要求时，应专门设计；不便埋设标志的塔形、圆形建筑以及竖直构件，可以照准视线所切同高边缘确定的位置或用高度角控制的位置作为观测点位；位于地面的测站点和定向点，可根据不同的观测要求，使用带有强制对中装置的观测墩或混凝土标石；对于一次性倾斜观测项目，观测点标志可采用标记形式或直接利用符合位置与照准要求的建筑特征部位，测站点可采用小标石或临时性标志。

3. 倾斜观测周期

主体倾斜观测的周期可视倾斜速度每 1～3 个月观测一次。当遇基础附近因大量堆载或卸载、场地降雨长期积水等而导致倾斜速度加快时，应及时增加观测次数。倾斜观测应避开强日照和风荷载影响大的时间段。

4. 倾斜观测方法

（1）当从建筑或构件的外部观测主体倾斜时，宜选用下列经纬仪观测法：

1）投点法。观测时，应在底部观测点位置安置水平读数尺等量测设施。在每测站安置经纬仪投影时，应按正倒镜法测出每对上下观测点标志间的水平位移分量，再按矢量相加法求得水平位移值（倾斜量）和位移方向（倾斜方向）；

2）测水平角法。对塔形、圆形建筑或构件，每测站的观测应以定向点作为零方向，测出各观测点的方向值和至底部中心的距离，计算顶部中心相对底部中心的水平位移分量。对矩形建筑，可在每测站直接观测顶部观测点与底部观测点之间的夹角或上层观测点与下层观测点之间的夹角，以所测角值与距离值计算整体的或分层的水平位移分量和位移方向；

3）前方交会法。所选基线应与观测点组成最佳构形，交会角宜在 60°～120°之间。水平位移计算，可采用直接由两周期观测方向值之差解算坐标变化量的方向差交会法，亦可采用按每周期计算观测点坐标值，再以坐标差计算水平位移的方法。

（2）当利用建筑或构件的顶部与底部之间的竖向通视条件进行主体倾斜观测时，宜选用下列观测方法：

1）激光铅直仪观测法。应在顶部适当位置安置接收靶，在其垂线下的地面或地板上安置激光铅直仪或激光经纬仪，按一定周期观测，在接收靶上直接读取或量出顶部的水平位移量和位移方向。作业中仪器应严格置平、对中，应旋转 180°观测两次取其中数。对超高层建筑，当仪器设在楼体内部时，应考虑大气湍

44

流影响；

2）激光位移计自动记录法。位移计宜安置在建筑底层或地下室地板上，接收装置可设在顶层或需要观测的楼层，激光通道可利用未使用的电梯井或楼梯间隔，测试室宜选在靠近顶部的楼层内。当位移计发射激光时，从测试室的光线示波器上可直接获取位移图像及有关参数，并自动记录成果；

3）正、倒垂线法。垂线宜选用直径 0.6～1.2mm 的不锈钢丝或因瓦丝，并采用无缝钢管保护。采用正垂线法时，垂线上端可锚固在通道顶部或所需高度处设置的支点上。采用倒垂线法时，垂线下端可固定在锚块上，上端设浮筒。用来稳定重锤、浮子的油箱中应装有阻尼液。观测时，由观测墩上安置的坐标仪、光学垂线仪、电感式垂线仪等量测设备，按一定周期测出各测点的水平位移量；

4）吊垂球法。应在顶部或所需高度处的观测点位置上，直接或支出一点悬挂适当重量的垂球，在垂线下的底部固定毫米格网读数板等读数设备，直接读取或量出上部观测点相对底部观测点的水平位移量和位移方向。

（3）当利用相对沉降量间接确定建筑整体倾斜时，可选用下列方法：

1）倾斜仪测记法。可采用水管式倾斜仪、水平摆倾斜仪、气泡倾斜仪或电子倾斜仪进行观测。倾斜仪应具有连续读数、自动记录和数字传输的功能。监测建筑上部层面倾斜时，仪器可安置在建筑顶层或需要观测的楼层的楼板上。监测基础倾斜时，仪器可安置在基础面上，以所测楼层或基础面的水平倾角变化值反映和分析建筑倾斜的变化程度；

2）测定基础沉降差法。可按有关规定，在基础上选设观测点，采用水准测量方法，以所测各周期基础的沉降差换算求得建筑整体倾斜度及倾斜方向。

5. 倾斜观测应提交图表

倾斜观测点位布置图；倾斜观测成果表；主体倾斜曲线图。

7.4 裂 缝 观 测

裂缝观测应测定建筑上的裂缝分布位置和裂缝的走向、长度、宽度及其变化情况。

1. 裂缝观测要求

对需要观测的裂缝应统一进行编号。每条裂缝应至少布设两组观测标志，其中一组应在裂缝的最宽处，另一组应在裂缝的末端。每组应使用两个对应的标志，分别设在裂缝的两侧。

裂缝观测中，裂缝宽度数据应量至 0.1mm，每次观测应绘出裂缝的位置、形态和尺寸，注明日期，并拍摄裂缝照片。

2. 裂缝观测标志

（1）裂缝观测标志应具有可供量测的明晰端面或中心。长期观测时，可采用镶嵌或埋入墙面的金属标志、金属杆标志或楔形板标志；短期观测时，可采用油漆平行线标志或用建筑胶粘贴的金属片标志。当需要测出裂缝纵横向变化值时，可采用坐标方格网板标志。使用专用仪器设备观测的标志，可按具体要求另行设计。

（2）对于数量少、量测方便的裂缝，可根据标志形式的不同分别采用比例尺、小钢尺或游标卡尺等工具定期量出标志间距离求得裂缝变化值，或用方格网板定期读取"坐标差"计算裂缝变化值；对于大面积且不便于人工量测的众多裂缝宜采用交会测量或近景摄影测量方法；需要连续监测裂缝变化时，可采用测缝计或传感器自动测记方法观测。

3. 裂缝观测周期

裂缝观测的周期应根据其裂缝变化速度而定。开始时可半月测一次，以后一月测一次。当发现裂缝加大时，应及时增加观测次数。

4. 裂缝观测应提交图表

裂缝位置分布图；裂缝观测成果表；裂缝变化曲线图。

第8章 竣工总平面图的编绘

8.1 编绘竣工总平面图的意义及一般规定

工业与民用建筑工程是根据设计总平面图施工的。在施工过程中，由于种种原因，使建（构）筑物竣工后的位置与原设计位置不完全一致，所以，需要编绘竣工总平面图。

编制竣工总平面图的目的一是为了全面反映竣工后的现状，二是为以后建（构）筑物的管理、维修、扩建、改建及事故处理提供依据，三是为工程验收提供依据。

竣工总平面图的编绘包括竣工测量和资料编绘两方面内容。编绘竣工总平面图的一般规定：

（1）竣工总图系指在施工后，施工区域内地上，地下建筑物及构筑物的位置和标高等的编绘与实测图纸。

（2）对于地下管道及隐蔽工程，回填前应实测其位置及标高，作出记录，并绘制草图。

（3）竣工总图的比例尺，宜为1∶500。其坐标系统、图幅大小、注记、图例符号及线条，应与原设计图一致。原设计图没有的图例符号，可使用新的图例符号，并应符合现行总平面图设计的有关规定。

（4）竣工总图应根据现有资料，及时编绘。重新编绘时，应详细实地检核。对不符之处，应实测其位置、标高及尺寸，按实测资料绘制。

（5）竣工总图编绘完后，应经原设计及施工单位技术负责人的审核、会签。

8.2 编绘竣工总平面图的方法和步骤

1. 编绘竣工总平面图的依据

(1) 设计总平面图，单位工程平面图，纵、横断面图，施工图及施工说明。

(2) 施工放样成果，施工检查成果及竣工测量成果。

(3) 更改设计的图纸、数据、资料（包括设计变更通知单）。

2. 竣工总平面图的编绘方法

(1) 在图纸上绘制坐标方格网：绘制坐标方格网的方法、精度要求，与地形测量绘制坐标方格网的方法、精度要求相同。

(2) 展绘控制点：坐标方格网画好后，将施工控制点按坐标值展绘在图纸上。展点对所临近的方格而言，其容许误差为±0.3mm。

(3) 展绘设计总平面图：根据坐标方格网，将设计总平面图的图面内容，按其设计坐标，用铅笔展绘于图纸上，作为底图。

(4) 展绘竣工总平面图：对凡按设计坐标进行定位的工程，应以测量定位资料为依据，按设计坐标（或相对尺寸）和标高展绘。对原设计进行变更的工程，应根据设计变更资料展绘。对凡有竣工测量资料的工程，若竣工测量成果与设计值之比差，不超过所规定的定位容许误差时，按设计值展绘；否则，按竣工测量资料展绘。

3. 竣工总平面图的整饰

(1) 竣工总平面图的符号应与原设计图的符号一致。有关地形图的图例应使用国家地形图图示符号。

(2) 对于厂房应使用黑色墨线，绘出该工程的竣工位置，并应在图上注明工程名称、坐标、高程及有关说明。

(3) 对于各种地上、地下管线，应用各种不同颜色的墨线，绘出其中心位置，并应在图上注明转折点及井位的坐标、高程及有关说明。

（4）对于没有进行设计变更的工程，用墨线绘出的竣工位置，与按设计原图用铅笔绘出的设计位置应重合，但其坐标及高程数据与设计值比较可能稍有出入。

随着工程的进展，逐渐在底图上，将铅笔线都绘成墨线。

（5）对于直接在现场指定位置进行施工的工程、以固定地物定位施工的工程及多次变更设计而无法查对的工程等，只好进行现场实测，这样测绘出的竣工总平面图，称为实测竣工总平面图。

第9章　施工测量常用表格

四等水准观测手簿，见表 9-1。

四等水准观测手簿　　　　　　　　表 9-1

工程名称：××××天气：×××观测：××××记录：××××
日期：×××××　　　　　　　　　编号：××××

测站编号	后尺	下丝 上丝	前尺	下丝 上丝	方向及尺寸	标尺读数/m		K 加黑减红 /mm	高差中数 /m	备注
	后距		前距			黑面	红面			
	视距差 d/m		$\sum d$/m							

施工测量仪器设备调用计划，见表9-2。

施工测量仪器设备调用计划 　表 9-2

项目名称				文件主题	
项目主管		设备管理		文件编号	
版本号	编制	校核	审核	批准	批准日期
文件说明	设备管理专指人员负责,项目主管校核,设备科填写 文件编号及审核,设备主管批准				

测量仪器设备配置

序号	名称	型号	产地	数量	标称精度	备注

水准测量记录手簿，见表 9-3。

水准测量记录手簿　　　　　　　　　　　表 9-3

工程名称：×××××　天气：多云　呈像：清晰

日期：××年 10 月 18 日

仪器代码：NS96566　观测者：×××　记录者：×××编号：×××

测站	测点	后视读数 /m	前视读数 /m	高差/m		高程/m	备注
				+	−		
Σ							
校核计算							

水平角测回法观测手簿，见表 9-4。

水平角测回法观测手簿　　　　　　表 9-4

工程名称：　　　　天气：　　　　观测：　　　　记录：

日期：　　　年　月　日　　　　　　编号：

测站	盘位	目标	水平度盘度数	水平角			备注
				半测回值	一测回值	各测回平均值	

导线测量计算表，见表 9-5。

导线测量计算表 表 9-5

工程名称： 起始点： 终止点： 测量仪器：
测量日期： 年 月 日 编号：

测站	折角			方位角	边长/m	坐标增量计算值		改正后坐标增量		最终坐标值	
	观测值	改正值	改正后值			改正值	改正值				

量距手簿，见表9-6。

工程名称：　　　　编号：

线段 水平距离	节桩号	实测数		平均数 /m	尺长改正数 /m	丈量时温度 温度改正数/m	尺度高差 倾斜改正数/m	改正后水平距离/m	备注
		一次	二次						

建（构）筑物沉降观测成果，见表 9-7。

建（构）筑物沉降观测成果　　　　　　　　表 9-7

工程名称：　　　　　　　　仪器：

结构形式：　　　　　　　　观测：

日期	年月日	年　月　日			年　月　日			年　月　日		
观测点	初次高程/m	高程/m	本次下沉/mm	累计下沉/mm	高程/m	本次下沉/mm	累计下沉/mm	高程/m	本次下沉/mm	累计下沉/mm

施工情况

观测点布置图：

单位：　　　审核：　　　制表：　　　日期：　　　年　月　日

56

竖直角观测手簿，见表9-8。

竖直角观测手簿   表 9-8

工程名称：   天气：观测：
记录：   日期：   年 月 日

测站	目标	盘位	竖盘读数	竖直角		备注
				半测回值	测回值	

水平角观测手簿（方向观测法），见表9-9。

水平角观测手簿（方向观测法）　　　　表 9-9

编号：

仪器：　　　　　　测站：　　　　　等级：　　　　日期：　　年　月　日

天气：　　　　　　观测者：　　　　开始时间：　　　时　　　分

成像：　　　　　　记录者：　　　　标类型：　　结束时间：　时　分

测回	测站/(°′″)	目标	水平盘读数		平均读数/(°′″)	一测回归零方向值(°′″)	各测回归零方向值(°′″)	水平角(°′″)	备注
			盘左/(°′″)	盘右/(°′″)					
1	2	3	4	5	6	7	8	9	

第10章 工程测量实例

10.1 小高层工程实例

上海某地块项目总用地面积 5.44 万 m²，总建筑面积为 18.15 万 m²，地下 1 层，建筑面积 3.91 万 m²，地上建筑面积 14.24 万 m²，由 9 栋 17/18 层单体住宅及整体地库组成。

1. 测量原则

本工程将通过采用科学的测控技术，先进的测量仪器，以及严格的复核校正手段，达到本工程的测量精度目标要求。建立三级测量控制网，以高级网控制低级网，局部测量控制网加密的手段，确保各级控制网的整体统一。地下室施工测量采用"外控法"控制，采用极坐标或直角坐标法定位。地上施工测量采用"内控法"控制，主要采用激光垂准仪将平面控制网整体同步传递，高程用 50m 钢尺量测，全站仪三角高程逐层复测校正。观测时必须做到"四固定"：即固定人员、固定仪器、固定观测线路、固定观测时间。

2. 平面轴线控制

（1）平面控制网的建立

平面控制网的布设原则：1）平面控制应先从整体考虑，遵循先整体、后局部、高精度控制低精度的原则；2）平面控制网的坐标系统与工程设计所采用的坐标系统一致，布设呈矩形；3）布设平面控制网首先根据设计总平面图、现场施工平面布置图；4）选点应在通视条件良好、安全、易保护的地方；5）桩位必须用混凝土保护，需要时用钢管进行围护，并用红油漆作好标记。

现场整体测控点的布置，见图 10-1。

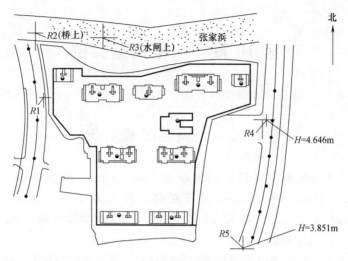

图 10-1 某地块项目平面图

针对本工程的具体情况，结合工程平面布置，建立三级平面测量控制网。要求达到通视条件好、网点稳固状况等条件。各控制点之间及各控制网之间能够进行闭合校验及平差，各控制网之间形成统一的测量控制体系。首级为建设单位提供的引测基准点组成的基准网，二级为依据首级控制点，引至基坑周边及引测至首层地面上的施工测量控制点，三级为引测至楼地面、柱、剪力墙上的轴线控制点、标高控制点。

轴线控制网的精度等级根据《工程测量规范》（GB 50026—2007）要求进行，控制网的技术指标必须符合表 10-1 的规定。

轴线控制网技术指标   表 10-1

等级	测角中误差($''$)	边长相对中误差
二级	±5	1/20000

（2）平面定位

依据场区平面轴线控制桩和基础开挖平面图，测放出基槽开挖上口线及下口线。当基槽开挖到接近槽底设计标高时，用经纬仪分别投测出基槽边线和集水坑控制轴线，并打控制桩指导开挖。

基础底板打好后，根据基坑边上的轴线控制桩，将经纬仪架设在控制桩位上，将所需的轴线投测到施工的平面层上，在同一层上投测的纵、横轴线不得少于 2 条，以此作角度、距离的校核。经校核无误后，放出其他相应的设计轴线及细部线。并弹墨线标明作为支模板的依据。模板支好后，应用两台经纬仪架设在两条相互垂直的轴线上检查上口的位置。

首层板施工完后应将控制轴线引测至建筑物内。根据施工前布设的控制网基准点及施工过程中流水段的划分，在各建筑物内做内控点，每一流水段设置 3 个内控基准点，埋设在首层相应距离内墙皮 0.5m 处。基准点的埋设采用 10cm×10cm 钢板，钢针刻划十字线，钢板通过锚固筋与首层楼面钢筋焊牢，作为竖向轴线投测的基准点。基准点周围严禁堆放杂物，向上各层在相应位置留出预留洞（15cm×15cm）。

竖向投测前，应对钢板基准点控制网进行校测，校测精度不宜低于建筑物平面控制网的精度，以确保轴线竖向传递精度。轴线控制点的投测，采用激光铅直仪如图 10-2 所示。先在底层基点处架设激光铅直仪，调校到准直状态后，打开激光电源，就会发射和该点铅垂的可见光束。然后在楼板开口处用接收靶接收。通过无线对讲机调校可见光光斑直径，达到最佳状态时，通知观测人员逆时针旋转准直仪，这样在接收靶处就可见到一个同心圆（光环），取其圆心作为向上的投测点，并将接收靶固定。同样的办法投测下一个点，保证每一施工段至少 2～3 个点，作为角度及距离校核的依据。控制轴线投测至施工层后，应组成闭合图形，且间距不得大于所用钢尺长度。施工层放线时，应先在结构平面上校核投测轴线，闭合后再测设细部轴线。

3. 高程控制

（1）高程控制网的建立

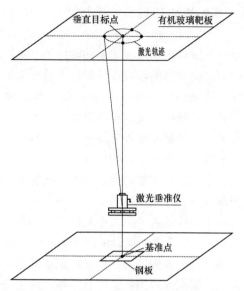

垂直目标点　　有机玻璃靶板

激光轨迹

激光垂准仪

基准点

钢板

图 10-2　激光垂准仪垂直传递原理

　　高程控制网的布设原则：确保高程控制网能满足各个高程引测点引测的需求；引测准确、直接、简洁、方便。

　　本工程设置二级高程测量控制网，首级高程控制网为业主提供的城市高程控制网，首级高程控制引测前应使用电子精密水准仪并采用往返或闭合水准测量的方法复核。施工现场内布置二级高程控制网，与建筑物四周二级平面控制点合二为一，作为施工现场测量标高的基准点使用。由于受场地限制，二级高程控制点布置在易发生沉降部位，因此要定期检测高程点的高程修正值，以及时进行修正。

　　在布设附合水准路线前，结合场区情况，在场区与甲方所提供的水准基点间埋设半永久性水准点，埋设 3 个月后，再进行联测，测出场区半永久性水准点的高程，作为场区的高程控制点，该点也可作为以后沉降观测的基准点。

　　（2）高程控制的引测

　　在第一层的墙体和平台浇筑好后，从墙体下面的已有标高点

（通常是 1 米线）向上用钢尺沿墙身量距。

标高的竖向传递，从首层起始高程点竖直量取，当传递高度超过钢尺长度时，应另设一道标高起始线。

施工层抄平之前，应先校测首层传递上来的三个标高点，当高差小于 3mm 时，以其平均点引测水平线。抄平时，应尽量将水准仪安置在测点范围的中心位置，并进行一次精密定平，水平线标高的允许误差为±3mm。

4．沉降观测

施工中将作好相应的变形观测及记录。

（1）沉降观测点的布置准备工作：工具和仪器应采用精密水准仪及与之配套使用的水准尺；

（2）水准点的设置：沉降观测应依据稳定良好的水准点进行，水准点应考虑永久使用，为相互检查核对，专用水准点埋设数量不少于 3 个，埋设地点必须稳定，不受施工机械碰压，防止水准点高程变动；

（3）将水准点组成闭合水准路线或进行往返测量，其闭合差必须符合规范要求。本工程采用 N3 型水准仪，按国家二等水准测量技术要求施测；沉降观测点位置依据设计图规定，施工单位根据设计要求进行埋设；沉降观测点的设置形式如图 10-3 所示。

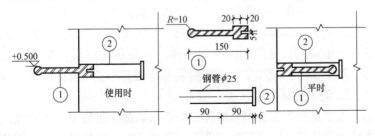

图 10-3　沉降观测点设置

（4）沉降观测应由具有资质的单位进行，主体施工三层进行一次观测，工程交付使用后每个 6-12 月观测一次，观测完毕绘制出沉降曲线，分析观测曲线，直至沉降稳定。如沉降曲线有异动，应及时通知设计院相关人员，分析后进行处理。

（5）沉降观测注意事项：

沉降观测是一项长期性、系统性观测工作。为保证观测结果的正确性，如实反映建筑物沉降情况，应做到四个固定：固定人员观测整理成果；固定仪器；施工固定的水准点；按规定的日期、方法及路线进行。

（6）沉降观测点成果整理

沉降观测资料及时整理，妥善保存，作为该工程技术档案资料的一部分。

整理沉降观测成果，计算出每次观测的沉降量，前后几次观测同点高差、累计沉降量，并绘制沉降观测日期与沉降量的关系曲线。

10.2 超高层工程实例

1. 工程概况

本工程场地平面呈倒"L"状，北面为翠园路，南面为中央河，西侧为时韵街，东侧为思安街，位于江苏省工业园区 271 号地块。项目由三座塔楼及商业裙房组成，是一座集办公、公寓与酒店于一体的综合体建筑。工程结构形式复杂——外筒由多条弧形组成的外框结构，核心筒为矩形，并随楼层逐渐向内收缩。施工测量中风力、日照、温差等多种动态作用对测量控制方法运用、测量精度控制和结构变形的实时监控提出了非常高的要求。

2. 测量目标要求（表 10-2）

为了达到本工程测量精度目标要求，施工过程中的放线我们将结合以往超高层建筑施工测量的经验及以下措施进行本工程测量施工。

（1）合理布置控制网，科学测量，提高精度。

（2）综合运用 GPS 技术，选用先进的测量仪器。

（3）长期进行现场沉降、变形监测，结合上述数据，指导现场测量工作。

（4）钢结构测量采用超高层钢结构综合测量技术结合空间拟合法达到钢结构平面 和高程控制精度要求。

测量精度目标要求 表 10-2

名称	规范允许偏差	项目测量精度目标
建筑物倾斜	向内 30mm，向外 30mm	向外 20mm，向内 25mm
建筑物总高度偏差	30mm	±20mm
层高偏差	±3mm	±3mm
每层轴线偏差	±3mm	±1mm

3. 施工准备

对所有进场的仪器设备及人员进行初步调配，并对所有进场的仪器设备重新进行 检定，保证所用仪器均在有效期内，施工测量人员有上岗证书，对施工测量人员进行 有关的技术交底。

熟悉设计图纸，仔细校核各图纸之间的尺寸关系。测设前需要下列图纸：总平面 图、建筑平面图、基础平面图等。

现场踏勘。全面了解现场情况，并对业主给定的现场平面控制点和高程控制点进 行复核。若不符应通知监理或业主重新提供。

制定测设方案。根据设计要求、定位条件、现场地形和施工方案等因素，制定测 设方案，包括测设方法、测设数据计算和检核、测设误差分析和调整、绘制对参加测 量的人员进行初步的分工并进行测量技术交底，并对所需使用的仪器行重新地检验。

准备好测量所需要的辅助工具和材料。具体见仪器选用表。

根据图纸条件及工程内部结构特征确定平面控制网形式及组成。

4. 平面控制网的建立与测设

（1）场区平面控制网布设原则

1）为了限制误差的累积和传播，保证测图和施工的精度及速度，测量工作必须遵循"从整体到局部，先控制后细部"的原则。即先进行整个测区的控制测量，再进行细部测量；

2）布设平面控制网形应根据设计总平面图，现场施工平面布置图；

3）选点应选在通视条件良好、安全、易保护的地方；

4）桩位必须用混凝土保护，需要时用钢管进行围护，并用红油漆作好测量标记。

（2）场区施工测量控制网的建立

1）建立三级控制网（表10-3）

三级控制网 表 10-3

首级控制网	由经复核后的业主提供的控制点 SA1 和 SA2 作为首级控制基准点和基准线
二级控制网	布置在远离基坑的比较稳定且易保护的位置
三级控制网	引测在基坑边缘，易于施工轴线放样与测设，需经常复核矫正

2）施工控制网的建立

因为业主提供的控制点离施工区较远，且不通视，故需在场区内布设控制点以方便施工使用。工程进场并办理控制点移交手续后，首先对业主提供的平面控制点进行复核。经核对无误后布设首级场内平面控制网。场区控制网按二级闭合导线布设。其主要技术指标见表10-4。

表 10-4

等级	测角中误差(″)	边长相对中误差
二级	15 vn	1/15000

通过首级控制网加密二级控制网，由经平差处理与复核以后的二级控制网布置三级控制网，由于三级控制网都引测在基坑周边，易受沉降和位移的影响，所以在地下室施工阶段，每周要定期检查各控制点坐标，如发现变动及时修正。

业主所给控制桩桩号、坐标及高程见表 10-5。

控制桩桩号、坐标及高程　　　表 10-5

桩号	横坐标 X (m)	纵坐标 Y (m)	高程 H (m)
SA1	45726.551	63114.018	5.217
SA2	45987.431	63080.682	3.036
SA3	45749.797	63392.549	5.486

根据 SA1、SA2 和 SA3 加密的 K1～K9 组成整个工程的二级控制网。

① 地下室施工阶段的各结构部位定位放线，其平面轴线控制点的引测采用"外控法"，在基坑周边的二级测量控制点上架设全站仪，用极坐标法或直角坐标法进行细部放样。二级控制网内控制点较多（K1～K9），使用时应注意不同控制点引点的校核，尽量用二级控制网中同一点引测。

外控点位置及编号示意如图 10-4 所示。

② 内控点的建立：当楼板施工至 ±0.000 时，在基坑周边

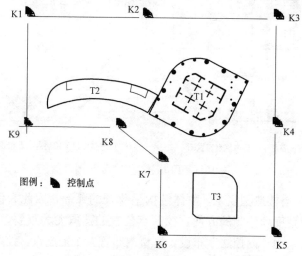

图 10-4　外控点布置及编号示意图

的二级测量控制点上架设全站仪，用极坐标法或直角坐标法在塔楼楼板上放样测设激光控制点，并进行角度和距离平差以后，作为整栋塔楼的内控点，由于±0.000层人员走动频繁，激光点测放到楼面后需进行特殊的保护，因此需在±0.000层混凝土楼面预埋铁件，楼板混凝土浇筑完成且具有强度后，再次放样测设激光控制点并进行多边形闭合复测，调整点位误差，打上阳冲眼十字中心点标示。

T1塔楼首层至84层使用核心筒外部内控点N1、N2、N3、N4以及核心筒内部内控点M1、M2、M3、M4，因85层至顶层结构形式变化，故在84层以经闭合平差以后的N1~N4内控点为基准点进行内控点转换，其中核心筒外部转测W1~W3三个点，核心筒内部转测Q1~Q3三个内控点，各内控点位置示意如图10-5所示。

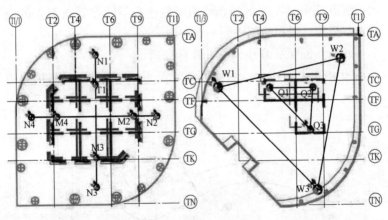

(a) T1塔楼首层至84层内控点布置图   (b) T1塔楼85层至顶层内控点布置图

图10-5 T1塔楼内控点示意图

T2塔楼造型复杂，整体结构呈狭长的弧形，因此为保证塔楼测量精度和施测的方便，控制点位置的选取尤为重要。T2上部结构采用"内控法"布设，塔楼内布置4个控制点，控制网建立在T2塔楼首层楼面上，控制点布置如图10-6所示。

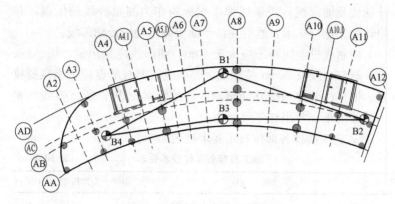

图 10-6 T2 塔楼内控点布置图

3）轴线控制网的测设

① 在建筑物基础施工过程中，对轴线控制桩每半月复测一次，以防桩位位移，影响正常施工及工程测量的精度。

② 采用测角精度 2″ 的电子经纬仪，根据场区轴线控制网进行投测。

③ 轴线投射方法：

a. 轴线投测采用 2″ 级电子经纬仪用方向线交会法来投测轴线，引测投点误差不应超过 ±3mm，轴线间误差不应超过 ±2mm。在建筑物地下室施工过程中，根据现场情况东西方向布设 9 条轴线控制桩；南北方向布设 9 条轴线控制桩；将轴线投测在冠梁上，在硬化的混凝土弹线；对轴线控制桩每半月复测一次，以防桩位位移而影响到正常施工及轴线投测的精度。

b. 根据场区平面轴线控制桩，将经纬仪架设在控制桩位上，经对中、整平后、后视同一方向桩（轴线标志点），（当同一轴线上只有一个控制点时，可以某一距离远视 线好的控制点做后视，然后转角度到轴线方向上），将所需的轴线投测到施工的平面层上，在同一层上投测的纵、横轴线不得少于 3 条，以此作为角度、距离的校核。精度要求：边长误差小于 1/10000，测角精度小于 6′。经校核无误后方可在该平面上 拉尺放出其他相应的设计轴线及细部线，控制线弹墨线标明作为测量放线的依据，并用红油漆进行标示，然后在该平面上测出轴线及细部线。

控制线投点间距不应大于 10m，细部线应弹出梁、墙、柱、门、洞口边线及 30cm 控制线。弹墨线时要对准点位，小线要拉紧。框架柱要弹轴线立线至顶，以控制梁位置。所有弹线均要求墨线清晰，并用红三角标注。

c. 施工放样各部位技术要求见表 10-6。

施工放样各部位技术要求   表 10-6

项 目		允许误差（mm）
外廓主轴线长度（L）	$L<30m$	±5
	$30m<L<60m$	±10
	$60m<L<90m$	±15
	$90m<L$	±20
细部轴线		±2
承重墙、梁、柱边线		±3
非承重墙边线		±3
门窗洞口线		±3

4）塔楼内控点的传递与轴线测设

① 上部楼层平面轴线控制点的引测，首次在 ±0.000 层混凝土楼面激光控制点上架设激光铅直仪，垂直向上投递平面轴线控制点，以后每隔 80m 中转一次激光控制点，详见轴线、标高基准点垂直传递途径示意图。为提高激光点位捕捉的精度，减少分段引测误差的积累，制作激光捕捉靶，如图 10-7 所示。

② 激光点穿过楼层时，需在组合楼板上预留 200mm×200mm 的孔洞，浇筑楼板混凝土后，将点位通过空洞引测到各楼层上。

③ 激光控制点投测到上部楼层后，组成多边形图形。在多边形的各个点上架设全站仪，复测多边形的角度、边长误差，进行点位误差调整并作好点位标记。如点位误差较大，应重新投

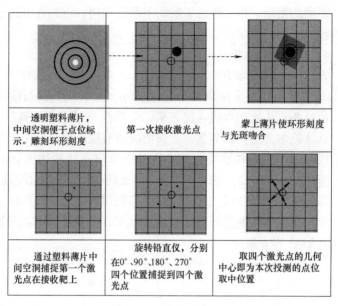

透明塑料薄片，中间空洞便于点位标示。雕刻环形刻度	第一次接收激光点	蒙上薄片使环形刻度与光斑吻合
通过塑料薄片中间空洞捕捉第一个激光点在接收靶上	旋转铅直仪，分别在0°、90°、180°、270°四个位置捕捉到四个激光点	取四个激光点的几何中心即为本次投测的点位取中位置

图 10-7　激光靶设置

测激光控制点。

±0.000 楼面点位做法及保护激光点穿过楼层的预留洞做法，如图 10-8 所示。

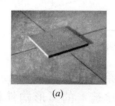

(a)　　　　　　　　　　　　(b)

说明：将钢板用胶水粘贴在混凝土楼面上然后打上阳冲眼标示中心点位置。

说明：浇筑混凝土后木盒不拆除以防楼面垃圾物堵塞孔洞。对点时用麻线绷紧在小铁钉上以便找准中心点，用完后将麻线拆除，以免堵塞激光孔。

图 10-8　激光控制点预留孔设置

5）施工层轴线放样

利用全站仪对待测楼层的接收点所组成的轴线矩形进行角

度、距离的测量。作为该施工层的平面控制网，以此放出其他各条轴线，并用红油漆作好明显标识。

6）圆弧针对性施测方法

方法一：利用与圆弧相近的轴线作为基准线，用软件 Auto-CAD 计算出每隔一定距离（0.5m 或 1m）基准线到圆弧线的距离，将这些点依次用直线连接起来，采用折 线段近似圆弧线。

具体施测方法：以某条靠近弧形线的直线为轴线，作该直线的垂线，以该直线和垂线为基准线分别作出垂线两边的其他垂线，垂线间距相等，用软件的"标注"命令量出这些垂线段的长度，即为施工测量放线的尺寸。然后根据现场的基准线和标注的尺寸放样出圆弧上的点，将这些离散点用直线连接起来，近似为弧线，如图 10-9 所示。

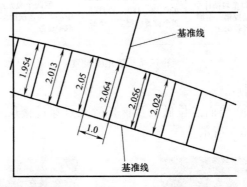

图 10-9　圆弧 CAD 计算示例图

方法二：根据定位图上弧形段所给半径和圆心坐标，配合计算器进行放样 具体施测方法：对于建筑上的弧形构件和造型，通常构件定位图上会给出圆弧半径和圆心坐标，实地放样时，在弧形区域任意位置测量点位坐标以后利用计算器计算圆心坐标与该点距离，比较该距离与半径的大小并相应的朝向圆心和圆外移动直至该点到圆心距离等于半径，即得到该圆弧上的一个点，以此以均匀距离放样出圆弧线上其他点位，最后依次连接后采用折线段近似圆弧，其精度大小取决于相邻点之间的距离，一般以相邻点连线中点处相对于圆弧拱高小于 5mm 为宜。

7）核心筒顶模施测方法

因核心筒采用顶模施工，施工速度快，导致核心筒要先于外部结构五到八层进行施工，所以核心筒外部结构上原来布置的内控点将无法用于核心筒的内部放样，且由于此时核心筒只有竖向结构，根据核心筒结构特点，拟采用如下方法进行放样：

① T1 塔楼核心筒 20 层以下采用外控：外控点布置如图 10-10所示。

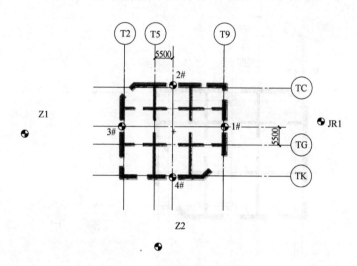

图 10-10 外围控制点示例图

② 外围控制点的布设：通过甲方提供的 JR1、JR2，通过转点，布设外围控制点 Z1、Z2。Z1 布设在上海银行路口，以便通过极坐标放样核心筒 3♯的轴线交点，考虑到仪器的仰角问题，Z1 点位置可以适当调整，用同样的方法布设 Z2 外控点（Z2 布设在 KTV 的屋顶上，已经实地考察，具有可行性）。

③ 轴线交点布设：考虑到塔吊、电梯的位置，布设轴线为 T5 偏东 5500mm，TG 偏北 5500mm。1 号、2 号、3 号、4 号点为梁中心线与 TG、T5 偏 4♯点也可只需在 TG、T5 偏轴上。

④ 外架洞口预留：由于核心筒施工时，外围一周有操作脚手架，在相应楼层的 1 号、2 号、3 号、4 号点位置处开 1m×1m 的可关闭的门洞，做好安全防护。

⑤ 实施放样：直接在 JR1 上架设仪器，用极坐标法放样 1 号点坐标，以此类推用极坐标放出 2 号、3 号、4 号点，在 1 号点上架设经纬仪，将 1 号、3 号点连接起来，可能遇到塔吊、操作架高低的阻碍，可以对中杆，将轴线测设在连梁上。

⑥ 核心筒 20 层以上采用内控：内控点布置如图 10-11 所示。

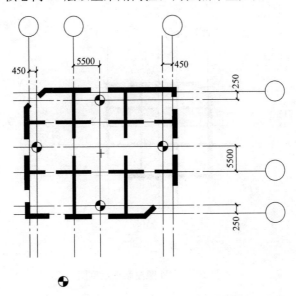

图 10-11　T1 塔楼核心筒内控点

⑦ 内控点的布设：考虑到核心筒外墙向内收缩，并且收缩幅度很大，如果在投测点布置的外侧，中转次数较多，会产生累计误差，影响测量精度。故布置在离内墙 25cm 处，既便于投测，同时受外界影响比较小。当核心筒施工到 20 层左右时，核

心筒楼板施工到 10 层左右，通过甲方提供的 JR1、JR2，为保证测量精度，直接转点到 10 层楼板上，用极坐标法实施放样四个内控点。

⑧ 塔楼内控点的传递：核心筒上部结构施工时，每次在上述内控点上架设激光垂准仪，垂直向上投递平面控制点。由于核心筒施工时，上面只有操作脚手架，为固定激光捕捉靶。首先将激光捕捉靶固定在四方的角钢上，并用螺丝固定（图 10-12），然后将带有激光捕捉靶的四方角钢焊接在相应楼层的爬架上，随着操 作脚手架上移。当激光捕捉靶接受到激光控制点后，为保证激光捕捉靶接受的 激光点不会因人走开而晃动，可以通过等腰三角形原理，在相应的连梁做好相 应的点，同时可以复核所接受的控制点是否移动，确保了测量精度。以此类推 将四个控制点全部投测到相应的激光捕捉靶上。

图 10-12　激光靶设置图

⑨ 轴线的测设：在接受的激光捕捉靶上架设对中杆（一个角落在激光捕捉靶，另外放在连梁上，由于激光捕捉靶焊接在操作架了，可以确保架设对中杆的稳定性），两两相互架设，然后在中间连梁上架设经纬仪，左右移动经纬仪的办法，使经纬仪和两个对中杆在一条直线上，为确保对中杆的稳定，必须有人监护。

⑩ 由于本工程有 90 层左右，要在 10 层、35 层、60 层、80 层中转四次转测点，采用以上的办法投测轴线。

10.3 世博演艺中心实例

1. 总体布局

在总体布局上，将悬浮的"飞蝶"状的主体建筑置于场地的中部，围绕主体建筑的地面单层基座，作为商业空间和辅助空间，其造型以大面积草坡覆盖为主，与周边场地的景观融为一体。基座顶部平台及草坡用作主体建筑的人员疏散，并具活动与观景休闲的功能。基座与主体建筑间体现出主次分明而又有机融合整体关系。总体东侧设置地下锅炉房、冷却塔。演艺中心平面见图 10-13。

2. 建筑剖面设计

本工程建筑设计标高±0.000 相当于绝对标高 7.300m。室内外高差西侧、北侧及东侧为 0.300m；南侧向浦明路作缓坡，绝对标高由 4.200～7.300m，高差为 3.100m。基座平台建筑标高为 6.500m；主体观光平台建筑标高为 23.000m；建筑檐口标高为 26.300m；弧形屋面的顶点标高为 41.000m。

本工程平面尺寸为 165m×205m。地下二层，地上六层，地下室顶板作为上部结构的嵌固端。结构主要由碟形主体结构及碟形屋面组成。演艺中心立面见图 10-14。

3. 碟形主体结构形式和特点

中央赛场和观众席布置呈长圆形，由 36 根轴线上共 108 根钢管混凝土柱为主要竖向受力构件，36 榀长度不一的悬臂钢桁架及内框架组成了碟形下沿。典型悬臂桁架示意，见图 10-15、图 10-16。

因为演艺中心大部分都是钢结构，下面就钢结构控制进行简单描述。

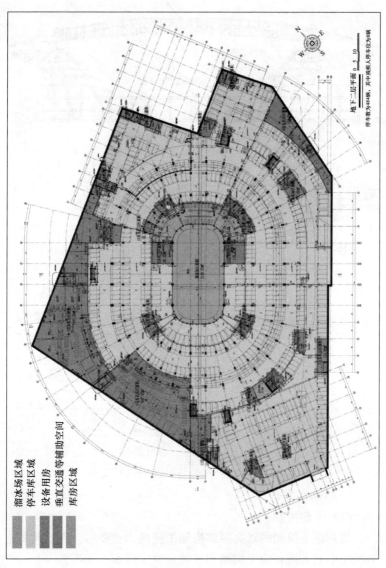

溜冰场区域
停车库区域
设备用房
垂直交通等辅助空间
库房区域

地下二层平面 0 5 10

停车数为484辆，其中残疾人停车位为8辆

图 10-13　演艺中心平面图

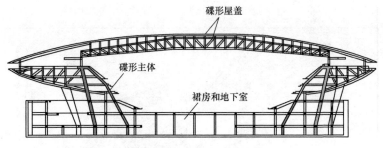

图 10-14 演艺中心立面图

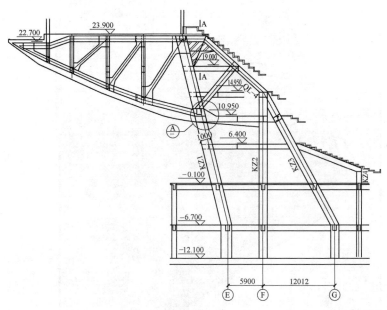

图 10-15 典型悬臂桁架示意图一

4. 钢结构安装

（1）平面控制

建立施工控制网对高层结构施工是极为重要的。控制网离施工现场不能太近，应考虑到钢柱的定位、检查、校正。

（2）高程控制

高层钢结构工程标高测设极为重要，其精度要求高，故施工

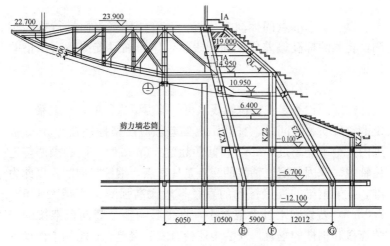

图 10-16 典型悬臂桁架示意图二

场地的高程控制网，应根据城市二等水准点来建立一个独立的三等水准网，以便在过程中直接应用，在进行标高引测时必须先对水准点进行检查，三等水准高差闭合差的容许误差应达到 $\pm\Delta\sqrt{L}$（mm），其中 L 为往返测站的公里数。

（3）轴线位移校正

任何一节框架钢柱的校正，均以下节钢柱顶部的实际中心线为准，使安装的钢柱的底部对准下面钢柱的中心线即可。因此，在安装的过程中，必须时时进行钢柱位移的监测，并根据实测的位移量以实际情况加以调整。调整位移时应特别注意钢柱的扭转，因为钢柱扭转对框架钢柱的安装很不利，必须引起重视。

（4）定位轴线检查

定位轴线从施工基础起就应引起重视，必须在定位轴线测设前做好施工控制点及轴线控制点，待基础浇筑混凝土后再根据轴线控制点将定位轴线引测到柱基钢筋混凝土底板面上，然后预检定位轴线是否同原定位重合、闭合，每根定位线总尺寸误差值是否超过限差值，纵、横网轴线是否垂直、平行。预检应由业主、监理、土建、安装四方联合进行，对检查数据要统一认可见证。

（5）标高实测

以三等水准点的标高为依据，对钢柱柱基表面进行标高实测，将测的标高偏差用平面图表示，作为临时支撑标高调整的依据。

（6）柱间距检查

柱间距检查是在定位轴线认可的前提下进行的，一般采用检定的钢尺实测柱间距。柱间距离偏差值应严格控制在±3mm 范围内，绝不能超过 5mm。柱间距超过±5mm 时，则必须调整定位轴线。原因是定位轴线的交点是柱基点，钢柱竖向间距以此为准，框架钢梁的连接螺孔的直径一般比高强螺栓直径大 1.5～2.0mm，若柱间距过大或过小，直接影响整个竖向框架梁的安装连接和钢柱的垂直，安装中还会有安装误差。在结构上面检查柱间距时，必须注意安全。

（7）单独柱基中心检查

检查单独柱基的中心线同定位轴线之间的误差，若超过限差要求，应检查调整柱基中心线使其同定位轴线重合，然后以柱基中心线为依据，检查地脚螺栓的预埋位置。